© 2010 KYNOS VERLAG Dr. Dieter Fleig GmbH
Konrad-Zuse-Straße 3 • D-54552 Nerdlen/Daun
Telefon: 06592 957389-0
Fax: 06592 957389-20
www.kynos-verlag.de

Bildnachweis:
© 4pfoten-design/fotolia.com: 23 rechts
© Brüssel, Christian: 8, 13, 21, 43, 52, 59, 70, 82, 83, 86, 110, Umschlag hinten unten
©Lell, Rita: Umschlag vorne, 6, 9, 10, 12, 14, 16, 17, 18, 19, 23 links, 24, 27, 29 oben,
30, 32, 33, 36, 37, 38, 40, 45, 48, 50, 55, 56, 58, 61, 63, 65, 66, 67, 68,
69, 71, 72, 74, 76, 77, 79, 81, 84, 85, 87, 89, 90, 93, 94/95, 96, 98, 100 unten,
104, 106, 107, 108, 109, 111, 112, 113, 121, Umschlag hinten oben
© Dr. Neuendecker, Annette: 119
© Trochim, Beate: 28, 29 unten, 35, 53, 100 oben, 103, 115, 120

Grafik & Layout: Kynos Verlag

Gedruckt in Lettland

ISBN 978-3-938071-81-6

Mit dem Kauf dieses Buches unterstützen Sie die
Kynos Stiftung Hunde helfen Menschen
www.kynos-stiftung.de

Unser Hund

DER MAGYAR VIZSLA

Rita Lell

KYNOS VERLAG

Inhaltsverzeichnis

Vorwort

Der Magyar Vizsla ist ein ausgesprochen schöner Hund, wie die Fotos in diesem Buch eindrucksvoll vermitteln. Diese ästhetische Faszination weckt bei vielen Hundefreunden Interesse an der Rasse. Mindestens ebenso wichtig wie der Gefallen an der Optik ist aber auch die Frage, ob ein solcher Hund von seinem Charakter und seiner Veranlagung her zu einem selbst und den eigenen Lebensumständen passt.

Gern möchte ich Sie daher einladen, mich auf den folgenden Seiten zu einem Kennenlern-Spaziergang mit dem Magyar Vizsla zu begleiten, wobei ich weder der Auffassung »dieser Hund gehört nur in Jägerhand« bin noch dem anderen Extrem »dieser Hund ist für jeden geeignet« das Wort reden möchte. Wie meistens im Leben ist auch hier eine differenziertere Betrachtungsweise angebracht.

Ich hoffe, mit diesem Buch etwas zum besseren Verständnis dieser Hunderasse beitragen zu können.

Regensburg, im Januar 2010
Rita Lell

Der Magyar Vizsla stellt sich vor

Ein athletischer Körperbau, mittlere Größe, ein glänzend goldgelbes Fell und ein offenes Gesicht mit wachem Blick: Der Magyar Vizsla ist ein Bild von einem Hund und zieht so manche bewundernde Blicke auf sich. »Was ist denn das für einer?« wird sich da der ein oder andere Hundefreund fragen und insgeheim für sich feststellen: »So einer könnte auch was für mich sein!« Erst recht, wenn er den schönen Fremden etwas näher kennengelernt und festgestellt hat, dass sich unter dem schmucken Fell ein ganz besonders feines und sensibles Wesen verbirgt.

Der Magyar Vizsla ist ein Sensibelchen mit großem Herzen
Der aus Ungarn stammende Magyar Vizsla wird unter der Bezeichnung »Jagdhund und Vorstehhund« geführt, wollte aber hierzulande nicht so recht in das Schema des raubeinigen, draufgängerischen Jagdhundes passen. An seinen feinen Wesenseigenschaften liegt es wohl auch, dass viele deutsche Jäger diesen Hund für unbrauchbar, da angeblich »zu weich« und ängstlich hielten. Erst in letzter Zeit erobert der Magyar Vizsla auch als Familien- und Begleithund die Herzen der Hundeliebhaber.

Wer den Vizsla kennenlernt, ahnt sofort, was für ein ausgezeichneter Jagdhund er sein könnte, wenn er seinen Anlagen entsprechend in engem Kontakt mit einem wohlwollenden und umsichtigen Besitzer geführt würde. Eine raue Behandlung mit harten Befehlen und Haltung im Zwinger ist für den Magyar Vizsla vernichtend. Dieser Hund braucht keinen rauen Ton, sondern ahnt anhand leiser Töne, Blicke und Handzeichen, was sein Herr von ihm verlangt. Dann arbeitet er für ihn unermüdlich und freudig mit feinen Sinnen und dem von Jägern so geschätzten »weichen Maul«, sprich er apportiert die erlegte Ente so vorsichtig, dass er sie unversehrt, weder gequetscht noch zerbissen beim Jäger abliefert. Er hat eine enge Beziehung zu seinem Herrn, springt freudig in jedes Wasser, scheut kein dichtes Gestrüpp und ist sozusagen der verlängerte Arm des Jägers, wenn dieser eine enge Beziehung zu seinem Hund aufbaut, die nicht nach der Arbeit im Zwinger endet, sondern als Familienhund weiter besteht.

Dieser wunderschöne semmelgelbe bis goldbraune Hund passt natürlich auch zu einem nicht jagenden Hundefreund mit oder ohne Familie, wenn er genügend Auslauf und Anbindung an den Men-

Der Magyar Vizsla ist ein temperamentvoller, aber gleichzeitig sensibler Jagdhund mit hohem Bewegungsdrang. Reichlich Freilauf in freier Natur ist unerlässlich für sein Wohlbefinden.

schen hat. Der Vizsla ist von Natur aus freundlich zu Mensch und Tier – er hat keinen ausgeprägten Trieb, Wild zu hetzen, verletzen oder gar zu töten. Er ist von seiner Geschichte her ja ein Vorstehhund, sprich er wurde dafür gezüchtet, im Unterholz verstecktes oder erlegtes Wild durch ruhiges »Vorstehen« (in der typischen Pose mit einem erhobenen Vorderlauf und in gespannter, unbeweglich verharrender Haltung) anzuzeigen und gegebenenfalls auf Befehl hin nach dem Schuss dem Jäger zu apportieren. Ein Vorstehhund, der Wild unkontrolliert hetzt oder gar tötet, ist für den Jäger unbrauchbar.

Jäger, die Vizslas für die Jagd züchten, geben sich große Mühe, die Hunde von Geburt an an Wildgerüche zu gewöhnen, ja es soll sogar vorkommen, dass den Junghunden junge Katzen oder Füchse zum Töten überlassen werden, damit sie genügend »Schärfe« entwickeln, die sie sonst gar nicht hätten. Es ist daher nicht verwunderlich, dass Jäger ihre Hunde im Wald meist an der Leine führen und nicht verstehen, dass ein Hund mit entsprechender Erziehung problemlos ohne Leine geführt werden kann.

Man kann einen Hund halt nicht verrückt nach Wild machen und dann erwarten, dass er nicht wildert, noch dazu, wenn sein Erziehungsschwerpunkt auf das Aufstöbern und Verfolgen gerichtet ist.

Wer seinen Magyar Vizsla sorgfältig erzieht, seine Anlagen berücksichtigt und besonderes Augenmerk auf Folgsamkeit richtet, wird einen Hund haben, der kein übertriebenes Interesse an wilden Tieren zeigt, sondern ihn freudig sein ganzes Leben lang begleitet und der Natur keinen Schaden zufügt.

Ich selbst kam durch Zufall an die Hunderasse Magyar Vizsla: Meine Tochter hatte einen Vizsla in Prag kennengelernt und war von diesem Hund begeistert. Neugierig geworden, informierte ich mich über diese Rasse, was sich allerdings als schwierig gestaltete, denn es gab keinen Züchter bei uns in der Nähe. Unsere einzige Informationsquelle war das Internet. Eine freundliche Züchterin in Norddeutschland empfahl mir dann letztendlich einen Züchter in Ungarn. Dann ging alles sehr schnell und meine Lila, mit richtigem Namen Luxatori Ina Ila, zog bei uns ein.

Bald entstanden dann Kontakte mit anderen Vizsla Besitzern, Erfahrungen wurden ausgetauscht und Spaziergänge vereinbart. Lila faszinierte mich immer mehr und stellte mich vor Herausforderungen, die ich von meinen früheren Hunden so nicht gewohnt war. Sie führte mich gewaltig an der Nase herum, wenn es um das Herkommen ging, aber auch diese Hürde meisterten wir. Mit ihrer lieben und sanften Art hatte sie schnell die ganze Familie für sich eingenommen und war stets der Mittelpunkt des Geschehens.

In allen Beschreibungen des Magyar Vizslas wird immer wieder betont, der Hund brauche viel Beschäftigung und geistige Auslastung, was meine Kinder veranlasste, jede freie Minute wild mit dem Hund zu spielen. Die Teppiche wurden verrutscht, Stofftiere zerfetzt und deren Einzelteile, insbesondere die weiße Füllung, in kleinsten Flöckchen überall verteilt. An Ruhe war in unserem Wohnzimmer gar nicht mehr zu denken. Schnell wurde mir klar, dass dies nicht Sinn der Sache sein konnte. Der Hund musste also vielmehr so erzogen werden, dass er sich im Haus ruhig verhielt. Dabei hatte unsere Lila gar nichts falsch gemacht, sondern nur das Angebot angenommen, das ihr meine Kinder gemacht hatten.

Folglich musste ich ein ernstes Wort mit meinen Kindern sprechen und das Haus zur spielfreien Zone erklären. Als ich sie überzeugen konnte, dass es auch anders geht und der Hund sich genauso wohlfühlt, wenn nicht ständig jemand mit ihm spielt, hatten wir im Handumdrehen den bravsten Hund.

Stattdessen gingen wir nun viel mit Lila spazieren. Sie war auch unterwegs so freundlich und überschwänglich, dass sie alle Passan-

ten und Hunde vor Freude ansprang. Wer eine weiße Hose anhatte, musste mit Spuren rechnen, wenn er uns begegnete – vor allem, wenn er das liebe Hündchen bewunderte. Lila war einfach grandios und wir waren sehr bemüht, ihren Überschwang in geordnete Bahnen zu lenken. So leinten wir sie einige Tage lang jedes Mal an, sobald uns jemand entgegen kam und sie begriff sehr schnell, dass nicht jeder Mensch begrüßt werden muss.

Durch ihre Menschenfreundlichkeit und Kontaktfreude sind Vizslas so außergewöhnlich, dass sie einen leicht kurzerhand um den Finger wickeln können. Dabei sind sie klug und leicht zu erziehen, wenn man als Mensch erst einmal gelernt hat, dass man sich nur zurücknehmen muss und ihnen nur ein normales Maß an Aktivität und Aufmerksamkeit vorgeben darf.

Der Magyar Vizsla ist auch ein Jagdhund mit großen Fähigkeiten, der mit Verantwortung geführt werden muss. Wer mit einem solchen Hund in der freien Natur unterwegs ist, sollte sich grundlegende Kenntnisse über Wildtiere aneignen. Dass Wiesenbrüter im Frühjahr nicht aufgeschreckt werden dürfen oder das Wild in der Schonzeit näher an die Wege herankommt, sollten Sie wissen und beachten. Wo Wildtiere Unterstände (Ruheplätze) haben, die nicht vom Hund betreten werden sollen, muss der Halter erkennen und berücksichtigen. Sitzt ein Fasan im Schilf neben dem Weg, bemerken ihn viele Hunde überhaupt nicht, der Magyar Vizsla aber weiß es.

In aller Regel zeigt er seinem Besitzer auch ohne besondere jagdliche Ausbildung deutlich an, wo sich Wildtiere aufhalten. Durch Vorstehen oder unruhiges Verhalten bemerkt der Besitzer leicht, wann er seinen Hund näher zu sich rufen oder anleinen muss, um etwaigen Versuchungen vorzubeugen. Der Hund lernt dann schnell, wie er sich verhalten soll und der Besitzer kennt bald die Stellen, an denen mehr Wild zu erwarten ist und geht mit seinem Hund ruhig vorbei.

Der Vizsla beobachtet die Umgebung genau und zeigt seinem Besitzer an, wenn Wild in der Nähe ist.

Auch wer kein Jäger ist, wird über seinen Hund stärker mit der Natur konfrontiert und lernt die Flora und Fauna seiner Umgebung besser kennen. Wer sich also einen Magyar Vizsla zum Begleiter aussucht, sollte sehr naturverbunden sein und so viel Zeit haben, dass er täglich mit seinem Hund in der freien Natur unterwegs sein kann.

Ich bin keine Jägerin, kann aber sehr gut nachvollziehen, dass es für so einen Hund ideal ist, als Jagdbegleiter unterwegs zu sein. Andererseits darf aber auch bedacht werden, dass viele Jäger keinesfalls täglich ins Revier gehen und auch nicht ständig mit ihrem Hund durch den Wald streifen. Manchmal sitzen sie auch einfach nur stundenlang auf dem Ansitz und gehen dann wieder nach Hause. Sitzt der Hund dann gar im Zwinger herum und wartet auf die freie Zeit des (Wochenend-) Jägers, so kann man sicherlich behaupten, dass dieses Leben für einen Vizsla ungeeignet ist. Leider wenden viele (zum Glück nicht alle!) Jäger auch immer noch alte, harsche »Abrichtemethoden« in der Jagdhundeausbildung an, die keinesfalls »vizslatauglich« sind. Ein Magyar Vizsla in Jägerhand ist also nicht unbedingt automatisch auch ein glücklicher Magyar Vizsla.

Dieses Buch ist allen Hundefreunden gewidmet, die keine Jäger sind und sich für einen Magyar Vizsla als Begleithund und Familienhund interessieren. Ich versuche realistisch darzustellen, was es bedeutet, einen Magyar Vizsla zu erwerben und was beachtet werden sollte, um mit dem Hund glücklich zu werden.

Eine Anmerkung zu den Bildern in diesem Buch

In diesem Buch finden Sie mehrere Abbildungen von Hunden mit Kleintieren oder Kindern. Daraus darf nicht geschlossen werden, dass Magyar Vizslas sich mit Babys, Meerschweinchen, Kätzchen und so weiter generell gut vertragen. Für die abgebildeten Situationen sind die Hunde natürlich umsichtig an die Kinder oder Kleintiere gewöhnt worden und die Begegnungen fanden nur unter Aufsicht statt.

Bedenken Sie auch, dass Kinder auf Hunde leicht bedrohlich wirken können. Sie bewegen sich anders als Erwachsene, sind hektisch, machen unvorhersehbare Bewegungen und Geräusche, fassen den Hunden ins Gesicht, rupfen am Fell und so weiter. Jeder Hund muss an ein Kind oder Haustier langsam gewöhnt werden. Erkennt der Hund die Hilflosigkeit und Ungefährlichkeit von Kindern und ist mit ihrem Verhalten vertraut, kann ein Kontakt unter Aufsicht zugelassen werden. Es gibt aber durchaus Hunde, mit denen ich solche Kontakte nicht ausprobieren würde. Ein Magyar Vizsla ist ein sehr einfühlsamer Hund, der bei umsichtiger Gewöhnung freundlich zu Kindern und anderen Tieren ist. Es ist in der Begegnung von Kindern und Hunden aber immer größte Sorgfalt anzuwenden und Sorge zu tragen, dass sich ein Hund nicht bedroht oder in die Enge getrieben fühlt, wodurch Abwehrreaktionen ausgelöst werden könnten.

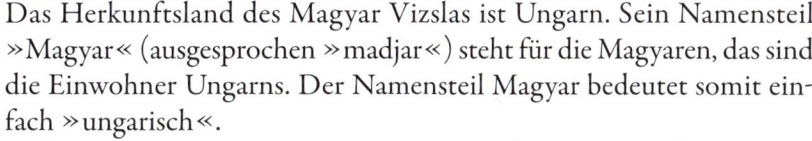

Entstehung und Entwicklung des Magyar Vizslas

Das Herkunftsland des Magyar Vizslas ist Ungarn. Sein Namensteil »Magyar« (ausgesprochen »madjar«) steht für die Magyaren, das sind die Einwohner Ungarns. Der Namensteil Magyar bedeutet somit einfach »ungarisch«.

Über die Bedeutung des Wortes »vizsla« (sprich: vischla) gibt es verschiedene Ansichten. Eine ist, dass der ungarische Wortstamm für »munter« darin stecken soll, »vizi« bedeutet im finno-ugrischen Sprachraum aber auch »suchen« oder »nachspüren«. Auch gibt es eine Theorie, nach der »vizi« »mager« bedeutet haben soll. Der 1972 verstorbene österreichische Kynologe Dr. E. Hauck schließlich vertrat die Ansicht, dass die Ungarn alle vorstehenden Hunde als »Vizsla« bezeichnet und so von den hetzenden (Wind-)Hunden »Agar« unterschieden hätten. In zahlreichen ungarisch-deutschen Lexika schließlich wird das Wort »vizsla« mit »Hühnerhund« übersetzt.

Der Magyar Vizsla ist der ungarische Vorstehhund schlechthin. Die Bezeichnung Vorstehhund steht für einen Hundetyp, der durch »Vorstehen«, das ist das gespannte Stehen mit angewinkelter Pfote, die Anwesenheit von Wild anzeigt.

Der Magyar Vizsla wurde und wird in seiner Heimat als Stöber- oder Vogelhund verwendet, der wegen seines »weichen Mauls«, seiner Wasserfreudigkeit und seines unermüdlichen Arbeitswillens bekannt war.

Vermutlich brachten die Magyaren diesen Hundetyp aus ihrer asiatischen Heimat mit, als sie im 9. und 10. Jahrhundert das Karpatenbecken besiedelten. Es gibt nahezu tausend Jahre alte Zeichnungen, die berittene ungarische Jäger mit Hunden und Falken zeigen. Viele Legenden berichten auch von dem heute ausgestorbenen »gelben türkischen Jagdhund«, der bei der Entstehung des Magyar Vizslas eine Rolle gespielt haben und ihm angeblich seine goldgelbe Farbe mitgegeben haben soll. Diese goldene Farbe ist übrigens nicht ganz zufällig, denn sie ist die perfekte Tarnfarbe im ausgedorrten Steppengras der asiatischen Weiten oder eben auch der ungarischen Puzsta, die nur wenige Wochen im Jahr grün ist. Auf jeden Fall werden diese alten türkischen Jagdhunde etwas Windhundeblut in den Adern gehabt haben. In jüngerer Vergangenheit wurden vermutlich andere europäische Jagdhunderassen wie Pointer, Setter und Weimaraner eingekreuzt, um einen Allzweck-Jagdhund zu schaffen.

Aber erst 1920 wurde die Ungarische Vizsla Züchtvereinigung gegründet und die Rasse registriert.

In den 1930er Jahren wurden noch Deutsch Drahthaar eingekreuzt, woraufhin die drahthaarige Version der Rasse entstand. So unterscheidet man heute zwischen den beiden eng verwandten Rassen »Rövidszőrű Magyar Vizsla« (Kurzhaariger ungarischer Vorstehhund) und »Drótszőrű Magyar Vizsla« (Drahthaariger ungarischer Vorstehhund).

In den beiden Weltkriegen verlor die Rasse an Bedeutung und wurde zahlenmäßig stark dezimiert, erst nach den Kriegen fanden sich immer mehr Liebhaber für den Magyar Vizsla.

Heute wird der kurzhaarige Magyar Vizsla bei der Fédération Cynologique Internationale (FCI), dem europäischen Dachverband für Hundezucht, unter der Nr. 57/7.1 in der Gruppe 7 für Vorstehhunde, Sektion 1, Kontinentale Vorstehhunde, geführt, der drahthaarige Vizsla trägt dort die Nummer 239 und besitzt seinen eigenen Rassestandard.

Ein Rassestandard beschreibt immer das Idealbild einer Hunderasse, dem man in der Zucht so nah wie möglich zu kommen versucht. Natürlich sehen nicht alle Hunde einer Rasse exakt so aus, und manche Abweichungen vom Standard, die bei einem für die Zucht bestimmten Hund als Fehler gewertet werden wie z.B. eine »falsche« Fell- oder Augenfarbe, tun der Gesundheit oder dem Wert eines Hundes für den Liebhaber, der nicht züchten möchte, keinerlei Abbruch.

Den kompletten Wortlaut beider Rassestandards kann man zum Beispiel unter www.fci.be lesen und herunterladen. Ich möchte im Folgenden nur einige wichtige Hauptpunkte des Standards für den Kurzhaar Magyar Vizsla sinngemäß wiedergeben:

Die wichtigsten Punkte des Rassestandards

Der Magyar Vizsla ist ein mittelgroßer, ausgesprochen eleganter Jagdhund von edlem Äußeren und mit kurzem, semmelgelbem Haarkleid. Der eher leichte, trockene, hagere Aufbau spiegelt die Harmonie von Schönheit und Kraft wider.

Die Hündinnen werden 54 bis 60 cm groß, die Rüden zwischen 58 und 64 cm. Es gibt durchaus auch größere Vizslas, wichtig ist, dass die Proportionen stimmig sind.

Ein Vizsla wiegt zwischen 20 und 30 kg.

Die Farbe ist semmelgelb oder rostfarbig in verschiedenen Schattierungen, wobei ein zu starker Rotton sowie eine zu helle oder zu braune Farbe unerwünscht sind. Ein kleiner weißer Fleck an der Brust oder der Kehle sowie an den Zehen ist kein Fehler, größere weiße Abzeichen sind dagegen unerwünscht.

Die Augen sind braun und sollen laut Standard möglichst dunkel sein, es kommen aber auch häufig bernsteinfarbene Augen vor. Der Nasenschwamm sowie die Haut um die Augen und an den Lefzen soll fleischfarben sein und mit der Fellfarbe harmonieren, eine schwarze Nase ist ebenso unerwünscht wie eine zu helle oder gefleckte.

Der Magyar Vizsla hat straff anliegende Lefzen, keine Hängebelefzung.

Den Kopf wünscht sich der Rassestandard »trocken, edel und wohl proportioniert«.

Die typische Gangart des Magyar Vizslas ist ein schwungvoller, leichtfüßiger, eleganter und raumgreifender Trab, mit viel Schub und entsprechendem Vortritt.

Ein fehlerfreier Hund muss ein vollständiges Scherengebiss haben. Die Pfoten sollen geschlossen und gut aufgeknöchelt sein, das heißt, die Zehen sollen schön anliegen und ausreichend gewölbt sein.

Die Rute des Vizslas wird säbelförmig oder gerade getragen, je nach Stimmung. Nach dem Tierschutzgesetz darf die Rute nicht kupiert werden. Lediglich für Jagdzwecke darf die Rute kupiert werden, es soll vor Verletzungen, z. B. im Schilf, schützen.

Das Wesen des Vizslas definiert auch der Rassestandard als »lebhaft, freundlich, ausgeglichen, leicht erziehbar. Die hervorragende Kontaktbereitschaft gehört zu seinen grundlegenden Eigenschaften. Er verträgt keine grobe Behandlung und darf weder aggressiv noch scheu sein.«

Unter dem Punkt »Verwendung« heißt es im Rassestandard:

»Vielseitig einsetzbarer Jagdgebrauchshund, der sowohl im Feld, im Wald und im Wasser brauchbar sein muss, wobei er folgende typische Eigenschaften besitzt: ausgeprägter Spürsinn, festes Vorstehen, ausgezeichnetes Apportierverhalten und zielstrebiges Verfolgen der Schwimmspur bei großer Wasserfreudigkeit. Er verträgt sowohl schwieriges Gelände als auch extreme Wetterlagen. Als leistungsfähiger Jagdgebrauchshund sind Schuss- und Wildscheue, eine fehlende Bereitschaft zum Vorstehen bzw. zum Apportieren ebenso unerwünscht wie die fehlende Wasserfreudigkeit. Wegen seines problemlosen Naturells und seiner Anpassungsfähigkeit kann er auch in der Wohnung leicht gehalten werden.«

Die Haut an Augen, Lefzen und Nasenschwamm soll gut pigmentiert und aufeinander abgestimmt sein.

Kurzhaar und Drahthaar

Dieses Buch ist vorwiegend dem Kurzhaar-Vizsla gewidmet, der aufgrund seiner Eigenschaften und seines Charakters gerne als Begleit- und Familienhund gehalten wird. Sein kurzes Fell lässt seine elegante Erscheinung voll zur Geltung kommen. Natürlich ist dieser Hund empfindlicher gegen Kälte. Vor allem der junge Hund kühlt schnell aus und benötigt bei Minusgraden einen Kälteschutz, wenn er nicht in Bewegung ist.

Solange der Hund aktiv ist, fühlt er sich auch bei Kälte pudelwohl. Wenn Sie aber eine Pause einlegen, ist ein Pullover zum schnellen Überziehen sinnvoll. Aber auch im Sommer ist der Vizsla immer für eine warme und weiche Unterlage dankbar. Meine Vizslas legen sich in Gasthäusern mit kaltem Steinboden nicht gerne hin, darum halte ich immer eine Hundedecke im Auto bereit, damit der geruhsame Aufenthalt in Wirtshäusern für Hund und Mensch gesichert ist .

Der Drahthaar-Vizsla soll widerstandsfähiger gegen nasse und kalte Witterung sein und auch mehr Raubzeugschärfe besitzen als sein kurzhaariger Namensvetter. Vom Charakter ist der Drahthaar-Vizsla ein ebenso hervorragender, liebenswürdiger und freundlicher Hund mit großer Bezogenheit zu seinem Besitzer. Der Körperbau des Drahthaar-Vizslas ist etwas gröber und kräftiger und die Eleganz des Kurzhaar-Vizslas ist weitgehend verloren gegangen. Der Drahthaar-Vizsla wird vorwiegend für die Jagd eingesetzt.

Der Charakter des Magyar Vizslas

Neben seiner Schönheit beeindruckt der Magyar Vizsla vor allem durch seinen Charakter: Er ist mit einer unglaublichen Liebesbedürftigkeit ausgestattet und spart auch selbst nicht an Zuwendung und Anhänglichkeit dem Menschen gegenüber. Seine Freude bei jeder Begrüßung ist überschwänglich.

Dank dieser sehr menschenbezogenen Veranlagung ist der Magyar Vizsla auch in Wald und Feld immer an seinem Besitzer orientiert und neigt in der Regel nicht zum Wildern. Seine Intelligenz ist ebenfalls überdurchschnittlich und kommt durch seine große Aufmerksamkeit gegenüber seinem Menschen gut zur Geltung. Dank seiner wachen Sinne und seiner Zugewandtheit ist der Magyar Vizsla »eigentlich« leicht zu erziehen. »Eigentlich« steht deshalb in Anführungszeichen, weil dieser Hund mit seinem Charme jeden, der nicht auf der Hut ist, um den Finger wickelt. Mit seiner Wendigkeit und Schnelligkeit nutzt er auch jeden sich bietenden Freiraum schnell aus. Ein sensibler und leicht zu erziehender Hund lernt auch schnell das Falsche, er wird geprägt von negativen Umwelteinflüssen oder schlechten Erfahrungen.

Wichtig ist deshalb, eine klare Linie in der Erziehung vorzugeben und immer aufmerksam zu sein. Wer mögliche Probleme vorher erkennen kann und vorausschauend agiert, ist im Vorteil. Wenn Sie ein Mensch sind, der vieles erst hinterher bemerkt, haben Sie mit dem Magyar Vizsla vermutlich viel Stress und Ärger.

Diese Hunderasse ist zwar sehr sensibel, entwickelt sich aber bei fördernder und artgerechter Haltung zu einem wesensfesten und arbeitsfreudigen Hund. Der Vizsla ist ein brauchbarer Wachhund und meldet jeden Eindringling in Haus und Garten. Sind kleine Kinder in der Familie, bewacht er sie von Natur aus gerne. Der Vizsla ist auch ein ausgezeichneter Reitbegleithund. So sensibel und freundlich wie der Hund gegenüber seinem Menschen ist, möchte er auch von seinem Besitzer wohlwollend und mit viel Zuwendung behandelt werden. Körperkontakt, Streicheleinheiten und kommunikativer Austausch sind für den Hund lebenswichtig.

Der aufmerksame Hund beobachtet seinen Besitzer rund um die Uhr, was durchaus zur Belastung werden kann, wenn man sich zur ständigen Unterhaltung des Hundes verpflichtet fühlt oder ein schlechtes Gewissen hat, weil man ihm nicht gerecht wird.

Findet man aber das richtige Maß und gewöhnt den Hund an seinen Lebensstil, passt sich der intelligente Hund sehr gut den Gewohnheiten seines Besitzers an.

Ich gebe jedem Interessenten für einen Magyar Vizsla gerne den Hinweis mit: »Sie bekommen einen wunderbaren Hund, aber davon immer das Doppelte!«

Interessierte Käufer sind in der Regel durch die zahlreichen Warnungen in Hundebüchern schon auf einen anspruchsvollen Hund eingestimmt, geben sich große Mühe und werden dann auch glücklich mit dem Hund. Es passiert allerdings auch leicht, dass überreagiert wird und so manch einer sich ungewollt, aber in bester

Absicht mit einem Vizsla einen hyperaktiven Tyrannen großzieht. Es kommt beim Vizsla sehr auf das »Hundeverständnis« des Besitzers an, auf das richtige Maß im Verhältnis Hund und Mensch. Mehr dazu lesen Sie im Kapitel über die Erziehung des Vizslas.

Kommt der Hund zu einer Familie mit Garten, ist in das Alltagsleben mit einbezogen und es findet sich täglich jemand, der mit ihm etwa eine Stunde lang in der freien Natur (und nicht etwa nur auf der Hundewiese im Stadtpark!) spazieren geht, ist der Magyar Vizsla ein leicht zu haltender und sehr angenehmer Hund. Das bedeutet natürlich nicht, dass der Hund den ganzen Tag alleine bleiben kann und es reicht, wenn man anschließend eine Stunde spazieren geht. Wenn er aber den ganzen Tag lang Kontakt mit der Familie, anderen Hunden und so weiter hat, dann ist es genug, wenn man so lange spazieren geht, dass er dabei insgesamt mindestens eine Stunde lang frei, ohne Leine laufen kann.

Der Vizsla passt sich Ihren Gewohnheiten an – ein Marathonläufer trainiert seinen Hund natürlich mehr als ein Spaziergänger. Wie jeder Hund gewöhnt sich ein Vizsla an die vorgegebenen Lebensumstände und der Begriff »ausreichend Bewegung« ist immer relativ. Es kommt vielmehr auf die richtige Situation an, die

der Hund bei Ihnen vorfindet, die für beide passt und die nicht durch gute Vorsätze herbeigewünscht wird, die dann später schwer einzuhalten sind.

Seinen Anlagen gemäß und durch konsequente Zuchtrichtung ist der Vizsla selbstverständlich ein hervorragender Jagdhund. Wenn der Jäger ein Vizslakenner und sensibler Hundefreund ist, wird er sich vermutlich keinen anderen Hund mehr wünschen als einen Magyar Vizsla.

Ein Jäger, der den militärischen Umgang mit von der Veranlagung her robusteren Jagdhunden gewöhnt ist und nicht umdenken kann, wird, wie so oft zu hören ist, den Vizsla als einen unbrauchbaren und ängstlichen Hund einstufen. Richtig ist hier sicher, dass der Hund dann wirklich Angst hat und zu nichts mehr zu gebrauchen ist, was dieser Besitzer von ihm verlangt.

Leider stammen Magyar Vizslas in Tierheimen und im Internet-Forum »Vizsla in Not« häufig aus Jägerhand oder von verantwortungslosen Züchtern, die diese Hunde dann zum Problemfall werden lassen. Viele davon finden zum Glück liebevolle neue Besitzer und können ihre positiven Anlagen wiederfinden. Wenn Sie einen Magyar Vizsla suchen, schauen Sie doch auch einmal unter www.vizsla-in-not.de vorbei.

Ist der Magyar Vizsla der richtige Hund für mich?

Hundefreunde, die sich für die Rasse Magyar Vizsla interessieren, sind häufig durch immer wieder ähnliche Fragen verunsichert, die durch Veröffentlichungen in Presse und Internet aufgeworfen werden. Die Zweifel, ob diese Rasse für einen selbst geeignet sein könnte oder nicht, gründen sich meist auf diesen Fragen:

Muss ich für einen Magyar Vizsla meine gesamte Freizeit opfern?

Ist der Magyar Vizsla ein hyperaktiver Hund?

Braucht der Magyar Vizsla täglich mehrere Stunden Auslauf mit seinem Besitzer?

Muss ich Sportarten wie Agility oder Dog Dancing betreiben oder mich sogar einer Rettungshundestaffel anschließen?

Zunächst stimmt es natürlich, dass das Zuchtziel des Magyar auf den Gebrauch des Hundes zur Jagd ausgerichtet ist. Seine Arbeitsfreude und seine feinen Sinne befähigen diesen Hund zu Höchstleistungen – die allerdings von der Mehrzahl der Jägern gar nicht abgerufen werden, weil sie sich nicht täglich im Revier aufhalten und den Hund nur selten oder gar nicht einsetzen.

Seine großen Fähigkeiten wollen benutzt werden und seine Lauffreudigkeit muss befriedigt werden, und zwar täglich.

Dieser Hund besitzt aber auch einen unglaublich liebenswürdigen Charakter und ein bestechend freundliches Wesen. Die große Bezogenheit zu seinem Besitzer und zu seiner Familie erfordern ein Leben im Haus bei seinem Menschenrudel. Ich möchte diesen Hund sogar als ein Juwel bezeichnen, der Wertschätzung einfordert, um sich optimal entfalten zu können.

Der Idealfall, warum Sie sich einen Vizsla ins Haus holen, ist, wenn Sie eine echte Symbiose mit Ihrem Hund eingehen möchten, sich gerne in der freien Natur bewegen und sich eine gute Portion »Hundeverstand« angeeignet haben.

Das größte Glück für einen Vizsla ist sicher der enge Kontakt zu seinem Besitzer. Der Vizsla fordert Sie vielleicht mehr als eine andere Rasse durch seine ständige Präsenz und große Aufmerksamkeit. Er passt sich aber auch perfekt Ihren Lebensgewohnheiten an, wenn Sie die Weichen richtig stellen und Ihren Hund entsprechend erziehen.

Hat Ihr Hund genug Bewegung, wird er sich im Haus ruhig und brav verhalten.

»Genug Bewegung« ist aber immer ein relativer Begriff: Der junge Hund darf ohnehin nicht überfordert werden. Insbesondere beim Junghund ist es oft schwer, diese Grenze zu erkennen, denn wirklich müde wird der temperamentvolle Vizsla eigentlich nie – er läuft bis zum Umfallen!

Der Vizsla bewegt sich selbst ausgiebig, wenn Sie einen Spaziergang machen. Der Hund wird den Weg mehrfach laufen, denn er ist

ständig in Bewegung, er läuft vor und zurück, unermüdlich jede Böschung rauf und runter, er untersucht alle Spuren in Wegesnähe genau. Andere Hunde als Spielkameraden finden sich oft, mit denen es erst richtig rund geht.

Agility oder ähnliche Hundesportarten, die viele Sprünge und harte Stopps (wie zum Beispiel beim Frisbee) verlangen, sind meiner Meinung nach für den Magyar Vizsla nicht gut geeignet, denn mit seinem großrahmigen Körperbau könnte der Hund dabei Schaden an Knochen, Sehnen und Bändern erleiden.

Eine mir bekannte Familie mit einem jungen Vizsla und einer zweieinhalbjährigen Tochter besitzt ein Schwimmbad im Garten, in dem der Hund in der warmen Jahreszeit täglich ausgiebig schwimmt. Bei einem meiner Besuche dort hat der junge Hund dann noche eine Stunde mit meinen beiden Vizslas gespielt, und man kann sagen, dass er an diesem Tag gut ausgelastet war. Er wäre

Wer einen Magyar Vizsla wirklich in sein Leben integriert und ihn an vielen Aktivitäten teilhaben lässt, wird mit diesem Hund viel Spaß haben.

überfordert, wenn noch mehr Aktivitäten von ihm verlangt würden. Dieser Vizsla beschützt übrigens auch schon das kleine Mädchen und schläft die ganze Nacht neben seinem Bett. Das Kind hält zum Einschlafen die Hundepfote im Händchen. Dieser Hund ist bestimmt glücklich und bestens ausgelastet!

So ist jede Situation anders und nur Sie selbst können entscheiden, ob Sie einen Vizsla zu Ihrem Begleiter machen.

Sie brauchen freilich kein Schwimmbad, aber viel Tagesfreizeit und die Freude daran, Ihren Hund den ganzen Tag um sich zu haben. Nur wer in sich den tiefen Wunsch verspürt, mit einem Hund zu leben, wird mit einem Vizsla glücklich werden.

Artgerecht ist für einen Magyar Vizsla außer der Befriedigung seines großen Laufbedürfnisses auch die Arbeit mit seiner Nase.

Kann der Hund nicht bei einem Jäger oder Förster leben, der täglich einen Begleiter im Wald braucht, dann sind Suchspiele und Fährtensuchen eine schöne Aufgabe für einen Vizsla. Wer nicht die Zeit hat, sich einer Rettungshundestaffel anzuschließen, kann sich Suchspiele im Wald oder im Garten ausdenken und den Hund somit auch geistig bestens fördern.

Seine Nase benutzt der Vizsla bei jedem Spaziergang ausgiebig.

Rechts oben: Der Magyar Vizsla braucht viel Gelegenheit, seine feine Nase einsetzen zu können. Auf Spaziergängen gibt es für ihn viel Spannendes zu erschnüffeln. Er erkundet die Natur mit der Nase, der Mensch mit den Augen.

Rechts unten: Thore und der Vizsla Arnold üben gemeinsam für die Rettungshundestaffel. Der Hund soll sich in jeder Situation entspannen können, auch neben seinen Bällen.

Er durchstöbert die Wegränder zu beiden Seiten und taucht ein in den Sinnesrausch der vielfältigen Geruchsspuren. Sie bringen Ihrem Hund natürlich bei, dass er sich immer in Ihrer Nähe aufhält, einen gewissen Radius nicht überschreitet und auf Zuruf sofort zu Ihnen kommt.

Der Vizsla verfolgt und hetzt kein Wild, wenn Sie ihn entsprechend erzogen haben und immer wachsam sind, und dennoch muss sein Geruchssinn nicht zu kurz kommen. Beide Seiten des Weges werden beim Spaziergang genauestens von ihm inspiziert – vom Getreidefeld ins Rübenfeld und dann auf die Wiese, wo größere Runden gelaufen werden können. Im Rübenfeld gibt es auch an den Rändern unendlich viel zu schnüffeln und zu entdecken.

Im Mai ist natürlich in wildreichem Gelände Rücksicht auf die abgelegten Rehkitze zu nehmen. Auch wenn der Hund einem zufällig entdeckten Kitz nichts tun würde, so wäre es doch eine unnötige Störung dieser Tiere.

Auch Maisfeldränder sind sehr aufregend. Der Magyar Vizsla benutzt seine Nase unentwegt und sein Geruchssinn kommt sicher nicht zu kurz, wenn sie »nur« spazieren gehen.

Es ist sogar wahnsinnig anstrengend und aufregend hier im Rübenfeld, da bleiben keine Wünsche offen und Ihr Vizsla ist bestens ausgelastet. Vielleicht kommen Sie ja noch an einem Weiher vorbei, dann ist der Tag perfekt.

Beim Spaziergang gibt es im Rübenfeld viel zu entdecken.

Es ist unbedingt notwendig, sich mit einem Magyar Vizsla in der freien Natur zu bewegen – wirklich in der freien Natur, nicht etwa in Grünanlagen und Stadtparks. Einen Vizsla nur in den Park auszuführen, vielleicht sogar noch die ganze Zeit über angeleint, kann seinen täglichen Bewegungsdrang nicht befriedigen. Auch ein großer Garten genügt nicht, um den neugierigen und lauffreudigen Hund auszulasten, denn aufgrund seiner Personenbezogenheit möchte der Vizlsa gerne mit Ihnen die Gegend durchstreifen und nicht alleine im Garten im Kreis laufen!

Ob Sie lange Spaziergänge machen, Ihr Lauftraining absolvieren, gerne Radfahren, mit einem Pferd unterwegs sind und so weiter bleibt Ihren Vorlieben überlassen. Es soll einfach für beide passen.

Ein Magyar Vizsla kann seinen Besitzer auch problemlos zur Arbeit begleiten, sich dort ruhig und brav verhalten und das Highlight im Büro oder in der Anwaltskanzlei werden. Vielleicht kann der Weg zur Arbeit mit dem Fahrrad zurückgelegt werden oder der Besitzer absolviert am Abend sein Lauftraining, dann kann ein guter Kompromiss gefunden werden.

Meine Tochter studiert in Salzburg und hatte unseren Rüden Janosch für eine Woche mitgenommen, als seine Mutter läufig war und die Hunde sinnvollerweise getrennt werden mussten. Meine Tochter fährt mit dem Rad zur Uni, eine halbe Stunde an der Salzach entlang. Dabei konnte der Hund ideal folgen. In der Universität blieb Janosch auf seiner Decke brav liegen, im Hörsaal genauso wie im Seminarraum. Janosch war der Star, wo er auftauchte. Er genoss das Lob und die Aufmerksamkeit und demonstrierte Gelassenheit und Folgsamkeit. Noch nach einem Jahr fragen viele Studenten nach Janosch und meine Tochter würde ihn gerne wieder einmal mitnehmen – vielleicht ergibt sich ja wieder eine Gelegenheit.

Mein Tagesablauf mit den Magyar Vizslas

Hunde gehören zu meinem täglichen Leben immer dazu und ich versuche, den Tagesablauf für mich und die Hunde so angenehm wie möglich zu gestalten. Ich habe zwei Magyar Vizslas, die Hündin Luxatori Ina Ila und ihren Sohn Janosch von Regensburg. Nachts schlafen beide Hunde, jeder in seinem gemütlichem Hundebett, im Schlafzimmer neben meinem Bett. Wenn ich zu Bett gehe, hüpft jeder in sein Nestchen und verbleibt darin ruhig, bis ich wieder aufstehe. Jeder meiner Hunde kam als Welpe zu mir und wurde vom ersten Tag an daran gewöhnt, meine Nachtruhe nicht zu stören und brav im Hundebettchen liegen zu bleiben, bis sie von mir beendet wird. Das hat mit allen meinen Hunden hervorragend funktioniert. Auch mit den zwei Hunden ist es kein Thema. Egal ob um fünf Uhr am Morgen oder um zehn Uhr am Vormittag, die Hunde schlafen so lange, bis ich mein Bett verlasse. Es kommt sehr selten vor, dass ein Hund in der Nacht unruhig wird und aufsteht. Wenn ich wach werde und ein Hund neben meinem Bett steht, weiß ich, dass er hinaus muss, denn natürlich kommt es auch beim Hund manchmal vor, dass er in der Nacht ein Problem bekommt und in den Garten muss. Selbstver-ständlich komme ich diesem Bedürfnis sofort nach und lasse den Hund ins Freie. Das passiert in zwei Jahren vielleicht einmal. Beim Welpen natürlich öfters, ich versuche, richtig abzuwägen, wann der Hund wirklich muss und wann ihm nur langweilig ist. Im Zweifelsfall gehe ich einfach mit in den Garten und passe auf, dass ein Pfützchen oder Häufchen gemacht wird.

Mein Garten ist mittelgroß und darf von den Hunden auch für ihr Geschäftchen genutzt werden. Ganz von selbst bemühen sich meine Hunde, den Garten nicht zu verschmutzen und warten, bis ich mit ihnen zum Spaziergang in der Umgebung angekommen bin. Sie springen aus dem Auto und lösen sich in den nächsten zwei Minuten. Das ist sehr praktisch. Wenn ich einen Besuch mache oder zum Tierarzt muss, lasse ich die Hunde vorher an einem passenden Platz in der freien Natur zuerst ihr Häufchen machen. Somit passiert an unerwünschter Stelle so gut wie nie ein Malheur. Natürlich habe ich zu jeder Zeit Hundetütchen in meiner Tasche, wie jeder rücksichtsvolle Hundebesitzer.

Am Morgen machen die Hunde ihr Pfützchen im Garten, ich habe keine braunen Flecken im Rasen oder sonstige Nachteile, nur meine Ruhe und Zeit für ein gemütliches Frühstück. Die Hunde schlafen dann in der Regel noch ein oder zwei Stündchen nach. Sie haben auch im Wohnzimmer ihr gemütliches Hundeschlafbettchen.

Der Magyar Vizsla ist ein sehr aktiver Hund, darum habe ich einen Trick angewandt und halte zwei Hunde zusammen. Möchten die zwei etwas Unterhaltung, spielen sie im Garten eine Runde, was den Rasen schon mehr strapaziert. Aber ich habe einen naturnahen Garten, der muss das schon aushalten. Dass die Beete tabu sind, haben die Hunde schnell gelernt. Ein Problem ist nur, dass beide Hunde im Garten Birnen, Nüsse und Zwetschgen fressen und ich mit meiner Gewichtsreduktion bei der Hündin nicht vorankomme. Dieser Zustand hält zum Glück immer nur kurze Zeit im Jahr an, dann ist der Garten nicht mehr nahrhaft.

Nach meinem gemütlichen Frühstück kann ich dann meiner Arbeit nachgehen. Am späten Vormittag gehe ich normalerweise mit den Hunden in die nahe Umgebung von Regensburg zum ausgedehnten Spaziergang. Das genieße ich sehr, finde immer neue Wege und entdecke alte Wege aus der Schulzeit, auf denen gewandert wurde. Oft treffen wir nette Menschen und machen neue Bekanntschaften. Bei jedem Wetter ist dieses Eintauchen in die wunderschöne Natur für mich eine Erholungsphase. Kann ich einen Tag nicht hinaus, fehlt es mir sehr und der Spaziergang wird am nächsten Tag umso länger.

Mit einem Hund bin ich gerne mit dem Rad gefahren, aber das Mitführen von zwei Hunden am Rad ist schwierig und fast nicht durchführbar. Die kurze Strecke mit dem Fahrrad bis zum Stadtrand führte ich meinen Vizsla mit einem Hundebügel am Rad angeleint. Mit zwei Hunden ist mir noch keine gute Lösung eingefallen, denn ein Fahrradhalter an der Anhängerkupplung des Autos behindert dann das Aussteigen der Hunde. Wie komme ich also mit dem Rad aus der Stadt? Vorerst werden die Spaziergänge einfach zu Fuß gemacht.

Bei heißem Wetter verbringen wir die Zeit am Badesee. Es ist ein herrliches Gefühl, mit den Hunden im Wasser zu schwimmen, ein großer Spaß für alle! Zum Glück gibt es bei uns einen schönen Hundebadesee.

Ich lege die Hunde nicht auf eine bestimmte Zeit fest, es muss auch passen, wenn der Spaziergang am Nachmittag oder Abend gemacht wird. Ein Drängeln oder Betteln würde mich nerven, das ist nicht erlaubt. Dem Bedürfnis

Der tollste Sommerspaß: Das gemeinsame Bad! Thore und Arnold am See.

meiner Hunde, den Garten nicht zu verschmutzen, trage ich freilich Rechnung, nehme die Hunde mit bei meinen Erledigungen und fahre an einer geeigneten Hundewiese vorbei, damit das Häufchen gemacht werden kann. Die Hunde können dann entspannt mit sich selber beschäftigt abwarten, bis es losgeht mit den Naturerkundungen.

Ich wohne in der Stadt und bin somit auf das Auto angewiesen, um in die Umgebung zu kommen, in der die Hunde frei laufen können. Zur Not sind das Unigelände und brach liegende Wiesen zu Fuß erreichbar. Das ist aber langweilig und nur eine Notlösung. Das Unigelände ist noch dazu mit einer Kaninchenplage verseucht, zu stressig mit zwei Magyar Vizslas. Es ist kein Spaß, wenn je-

de Wiese mit Dutzenden von Hasen bestückt ist und der Hund das Jagen nicht lernen soll. Die Parkanlagen von Regensburg sind mit einem Leinenzwang belegt und daher für die schnellen Hunde uninteressant.

Für meine Spaziergänge wähle ich beliebte Wege in schönen Gebieten aus, die viel begangen werden und an denen kein Wild in nächster Nähe zu erwarten ist. Die Routen werden täglich gewechselt, um keine Langeweile aufkommen zu lassen. Die Hunde können dann ihrer Leidenschaft, dem Untersuchen der Wegränder, frönen. Die Hunde erkunden die Gegend mit ihrer Nase und haben größtes Vergnügen daran. Nach ein bis zwei Stunden werden meine Hunde ruhiger und zufrieden und laufen gerne zum Auto zurück, um

wieder nach Hause zu fahren. Ich habe den Eindruck, dass diese Streifzüge in der Natur die Hunde voll zufriedenstellen. Diese Möglichkeit muss man ihnen aber auch unbedingt lassen – sie kann nicht durch Dressurübungen auf dem Hundeplatz ersetzt werden. Natürlich könnten zusätzlich weitere Aktivitäten eingebaut werden, aber ich bin nicht der Typ für ständige Spiele und Übungen. Ich genieße gerne die Natur und möchte keine regelmäßigen, zusätzlichen Termine haben. Ich baue Aktivitäten in meinen Alltag ein, die ich ohnehin machen möchte und die mir auch nach Jahren nicht lästig werden.

Meine Hunde verhalten sich den ganzen Tag über angenehm, sie werden von mir einmal am Tag spazieren geführt. Sie begleiten

Beim gemeinsamen Spielen entwickeln die Hunde besonders viel Power.

mich bei Ausflügen, beim Einkaufen, auf Reisen, wie es eben passt. Sie bleiben auch problemlos stundenlang alleine. Natürlich ergeben sich mit meinen Kindern oft noch weitere Aktivitäten für die Hunde. Sie werden zum Joggen mitgenommen, zum Spaziergang mit dem Kinderwagen und so weiter. Jeder möchte gerne die Hunde dabei haben, wenn er sich in der Natur bewegt.

Meine Kinder, Enkel und Besucher beschäftigen sich viel mit den Hunden, sie stehen immer im Mittelpunkt. Ob Baby oder Oma, alle streicheln und bewundern die Hunde. Und das ist den Vizslas nur recht!

Wer Hunde hat, trifft sich viel mit Hundefreunden. So ergeben sich oft Besuche bei Freunden in Begleitung der Hunde. Die Vizslas kommen auch in gesellschaftlicher Hinsicht nicht zu kurz. Bei einer Freundin werden die Hunde schon in der Nähe des Hauses unruhig und können ihre Freude kaum im Zaum halten. Liegt es an dem getrockneten Pansen, den Eva immer bereithält, oder an den langen Aufenthalten in der Küche bei ihr? Es darf mit dem Schlimmsten gerechnet werden! Vorsichtshalber kürze ich die Futterration am Abend, wenn wir zu Eva fahren. Irgendwie bekommt man alles in den Griff.

Bei umsichtiger Gewöhnung aneinander und unter Aufsicht kommen Magyar Vizslas auch mit Kleinkindern gut zurecht.

Haltung und Pflege des Magyar Vizslas

Was das Fell betrifft, ist der Kurzhaar-Magyar Vizsla sozusagen immer in Showkondition. Durch sein kurzes Haar ist der Hund ausgesprochen pflegeleicht und eine besondere Fellpflege ist nicht notwendig.

Eine gute Hundehaltung und gesunde Ernährung zeigen sich bei diesem Hund natürlich auch in der Beschaffenheit des Fells und im Glanz der Haare.

Bei der letzten Hundeausstellung, an der ich mit meinen Hunden teilnahm, fragte mich ein Herr, wie ich denn meine Hunde auf die Show vorbereiten würde. Ich war etwas erschrocken, als ich mir eingestehen musste, dass ich überhaupt nichts gemacht hatte.

Dieser Herr erzählte mir dann stolz, wie er seinem Vizsla zu mehr Glanz verhilft.

Wer seinen Hund also noch schöner machen möchte, kann ihn mit einem Pflegehandschuh aus Gummi abbürsten und die abgestorbenen Haare aus dem Fell entfernen. Hinterher darf mit einem weichen Tuch nachpoliert werden.

In der Natur schreckt dieser lauffreudige Hund vor keinem Dornengestrüpp und keinem Sumpf zurück. Ich habe eine waschbare Unterlage im Auto, die sich als Sammelplatz für den gröbsten Schmutz gut bewährt. Zuhause angekommen ist der Hund dann weitgehend trocken und der anhaftende Schmutz abgefallen. Die Decken im Auto können ausgeschüttelt und regelmäßig gewaschen werden.

Was die Pflegeleichtigkeit betrifft, so trügt dieser Schein für die Sauberkeit der Wohnung etwas, denn der Vizsla verliert ganzjährig seine Haare und verteilt sie gleichmäßig in der ganzen Wohnung. Das ist auf den ersten Blick nicht so auffällig wie bei einem langhaarigen Hund, aber dennoch haften die kurzen Haare an allen Textilien an. Sie lassen sich übrigens gut mit einem einfachen Latexhandschuh abrubbeln, an dem sie anhaften und mit dem man über die Polstermöbel oder Kleidungsstücke reibt.

Die Lauffreudigkeit des Vizslas und seine Bereitschaft, in jedes Wasser zu springen, und sei es noch so schlammig, lassen viel Sand und Schmutz im Fell zurück, welcher dann auch die Wohnung bereichert. Der Vizsla reinigt sich immer ganz von selbst – nur die Wohnung bleibt Ihnen überlassen!

Wie jeder Hund wälzt sich der Magyar Vizsla auch gelegentlich in Gülle oder Exkrementen, die dann ein Bad mit Hundeshampoo notwendig machen. Es ist schon vorgekommen, dass ich meinen Hund aus diesem Grund täglich gebadet habe.

Bei meinen beiden Vizslas ist die Hündin dieser Leidenschaft des Wälzens in Unrat aller Art verfallen, mein Rüde dagegen macht es kaum.

Mit Ihrem Hund sollten Sie immer in Kontakt mit dem Tierarzt Ihrer Wahl stehen. Impfungen, Entwurmungen und Parasitenbekämpfung machen regelmäßige Besuche notwendig. Bei auftretenden Beschwerden ist die Konsultation Ihres Tierarztes anzuraten. Bedenken Sie auch, dass es Tierärzte gibt, die homöopathisch arbeiten. Meine Hündin hatte sich einmal beim Spielen im Tiefschnee das Kreuzbein verschoben und in einer Tierartzpraxis für physikalische Medizin wurde ihr damals sehr geholfen. Vergessen Sie also nicht, dass es auch Homöopathie, Physiotherapie und die Osteopathie für Hunde gibt.

Links: Eine schlammige Pfütze hinterlässt ihre Spuren im Fell.

Rechts: Lila bei der osteopathischen Behandlung, sie war danach vollständig geheilt.

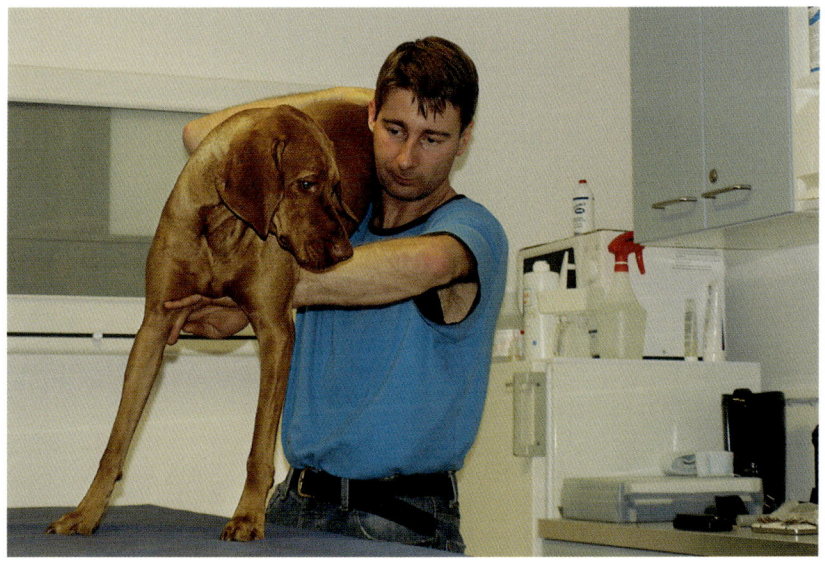

Parasiten

Zu den inneren Parasiten des Hundes zählen in erster Linie die verschiedenen Spezies von Würmern.

Am häufigsten sind in unseren Breiten die *Spulwürmer*. Sie treten schon beim Welpen auf, da sie von der Mutter übertragen werden. Die Larven dieser Wurmart setzen sich im Muskelfleisch und in den Organen der Hündin fest und durchleben dort ein langes Ruhestadium. Sie werden bei der Trächtigkeit aktiv und infizieren die Welpen bereits im Mutterleib. Die verabreichten Wurmkuren töten die ausgewachsenen Würmer ab, nicht aber die ruhenden Larven im Hund. Somit treten diese Spulwürmer immer wieder auf und müssen regelmäßig bekämpft werden. Der Wurmbefall lässt sich nicht durch Kotproben eindeutig feststellen, sodass regelmäßige Entwurmungen angesagt sind. Die Wurmkur kann in Tablettenform verabreicht werden. Ich packe die Tablette in ein Stückchen Wurst oder Käse und halte den Fang des Hundes zwischen meinen Händen, bis der Bissen abgeschluckt ist. Ansonsten verschwindet die Wurst und die Tablette wird ausgespuckt. Meine Hunde kennen die Prozedur schon und schlucken brav ab. Zur Belohnung gibt es dann hinterher noch ein Wurststückchen ohne Tablette. Der Hund kann auch durch eine Spritze beim Tierarzt entwurmt werden. Es gibt auch Pasten, die direkt verabreicht oder unter das Futter gemischt werden können.

Der *Bandwurm* benötigt einen Zwischenwirt, er wird nicht direkt von Hund zu Hund übertragen. Zwischenwirt können alle Haustiere, Nager, Wildtiere, insbesondere Flöhe oder Haarlinge sein, aber auch der Mensch kann ein Zwischenwirt werden.

Die Wurmeier werden zum Beispiel von Flohlarven aufgenommen und entwickeln sich in den Flöhen zu Cysticercoiden. Frisst der Hund diese Flöhe oder Milben durch Ablecken oder Zerbeißen, entwickeln sich diese Cysticercoiden im Hund innerhalb von zwanzig Tagen zum Bandwurm. Hunde, die Mäuse fressen, sind besonders gefährdet.

Der *Fuchsbandwurm* ist bei Hunden selten, aber für den Menschen sehr gefährlich. Die Larven werden vom Hund aufgenommen, sie benutzen den Hund als Zwischenwirt. Regelmäßige Wurmkuren und Hygiene im Umgang mit Hunden ist daher anzuraten.

Die gängigen Wurmkuren vernichten auch die Bandwürmer im Hund. Die Bekämpfung vom Flöhen ist beim Hund sehr wichtig, nicht zuletzt wegen der Übertragung von Bandwürmern. Hat sich der Hund doch einmal Flöhe eingefangen, ist zusätzlich zur Flohbekämpfung auch eine Entwurmung sinnvoll.

Lungenwürmer kommen in Deutschland immer häufiger vor und sind regional oft sehr verbreitet. Sie werden über Tierkot übertragen, denn der Lungenwurm braucht einen Zwischenwirt. Lungenwürmer können zum Tod des Hundes führen, wenn sie nicht oder zu spät erkannt werden.

Die von Lungenwürmern hervorgerufenen Beschwerden werden oft mit den Symptomen einer Lungenentzündung verwechselt und daher zu spät oder falsch behandelt. Paula, ein Welpe aus meiner Zucht, hatte sich einmal Lungenwürmer eingefangen und wurde vom Tierarzt auf Lungenentzündung hin behandelt. Die eingesetzten Antibiotika halfen natürlich nicht gegen die Würmer, sodass Paula beinahe gestorben wäre. Erst ein zweiter Tierarzt stellte dann die richtige Diagnose, und Paula konnte doch noch gerettet werden.

Herzwürmer werden durch Stechmücken übertragen und leicht bei Reisen im Mittelmeerraum eingefangen. Der befallene Hund hat einen schlechtes Allgemeinbefinden, Husten und Durchfall.

Diese (wenn auch seltenen Parasiten) sollten bei den Überlegungen zu einer Diagnose berücksichtigt werden, da sie unerkannt sehr großen Schaden anrichten.

Teilen Sie Ihrem Tierarzt deshalb mit, wenn Sie mit dem Hund eine Reise in südliche Länder planen oder bei der Rückkehr Beschwerden beim Hund feststellen.

Es gibt auch noch Fadenwürmer, Peitschenwürmer, Hakenwürmer und andere, die größtenteils mit den üblichen, beim Tierarzt erhältlichen Wurmkuren zu bekämpfen sind.

Giardia canis
Dies ist ein häufig vorkommender Darmparasit. Es handelt sich um einen einzelligen Parasiten, der sich durch Zweiteilung im Darm vermehrt. Giardien sind weltweit vorkommende, einzellige winzige kleine Parasiten im Dünndarm. Sie kommen sowohl beim Menschen wie auch bei Tieren, einschließlich Hunden, vor. Giardien können wie das Tollwutvirus, Salmonellen und Leishmanien vom Tier auf den Menschen übertragen werden. Giardien bewirken beim Hund hartnäckigen oder auch nur zeitweise auftretenden Durchfall. Sie werden mit dem Wirkstoff Fenbendazol bekämpft, der auch bei Würmern eingesetzt werden kann.

Lästige äußere Parasiten kommen beim Vizsla durch sein kurzes Fell eher selten vor, bis auf die *Zecken*, die überall in Feld und Wald lau-

ern. Vom Tierarzt bekommen Sie vorbeugende Mittel gegen den Zeckenbefall in der warmen Jahreszeit.

Diese lästigen Zeitgenossen kann man im Hundefell absammeln, bevor sie zugebissen haben. Suchen Sie Ihren Hund deshalb beim und nach dem Spaziergang nach Zecken ab. Der Blick fällt beim Spaziergang ohnehin oft auf den Hund, entdeckt man einen schwarzen Punkt im Fell, ist es fast immer eine Zecke auf geeigneter Platzsuche zum Festsaugen. Das kurze Fell des Vizslas lässt Parasiten wenig Chancen, ganz kann man den Befall dieser lästigen Blutsauger allerdings ohne Chemie nicht verhindern. Zecken übertragen gefährliche Krankheiten und können vom Hund auf den Menschen überwechseln und im Haus und Garten verteilt werden. Es ist darum das kleinere Übel, die Zeckenschutzmittel anzuwenden und somit die Gefahren zu bannen.

Flöhe kann sich der Hund einfangen, wenn er Kontakt mit infizierten Tieren wie anderen Hunden, Katzen oder Igeln hat. Bemerkt man sie, werden die Flöhe mit Puder, Shampoo oder Spray abgetötet. Meistens fallen nicht die Flöhe selbst als erstes auf, sondern eher ein starker Juckreiz des Hundes, der sich ausgiebig kratzt. Bei genauerem Hinsehen entdeckt man

dann häufig kleine, schwarze Krümel im Hundefell, die wie Fliegendreck aussehen – es handelt sich um den Kot der Flöhe, der aus getrocknetem Blut besteht. Zerdrückt man einen solchen schwarzen Krümel in feuchtem Küchenpapier, färbt es sich rot – ein eindeutiges Indiz für Flohbefall! Bei der Flohbekämpfung müssen die Schlafplätze des Hundes vorsorglich mitbehandelt werden, genau wie auch Decken im Auto, Teppichböden und so weiter. Die Larven des Flohs fallen vom Hund ab und verbleiben bei seinen Liegeplätzen, wo sie dann erneut heranreifen und Blut vom Hund saugen. Bei Flohbefall ist auch eine Wurmkur sinnvoll, denn Flöhe übertragen den Bandwurm auf den Hund.

Flöhe werden zum Problem, wenn man sie spät bemerkt und dann nicht konsequent bekämpft. Mittel gegen Zecken helfen in der Regel auch gegen Flöhe. Da man um die Zeckenprophylaxe ohnehin nicht herum kommt, ist auch der Befall von Flöhen zumindest in der warmen Jahreszeit verhindert.

Haarlinge sind verwandt mit den echten Tierläusen und ernähren sich von den Schuppen der Wirtstiere. Bei genauem Hinschauen kann man die kleinen, rotbraunen Krabbeltiere mit bloßem Auge erkennen. Sie werden wie Flöhe bekämpft. Eine Wiederholung der Behandlung nach zwei Wochen ist notwendig, damit alle Stadien der Nissen abgetötet werden.

Diese Aufzählung der Parasiten liest sich grauselig, ist aber bei umsichtiger Hundehaltung problemlos. Wenn Sie Ihren Hund regelmäßig entwurmen und gegen Zecken schützen, sollten Parasiten beim kurzhaarigen Vizsla kein Thema sein.

Alle Fragen zu möglichen Parasiten beantwortet Ihnen gerne Ihr Tierarzt nach dem aktuellen Stand der Medizin.

Räude

Wenn Ihr Hund sich auffallend häufig kratzt, kahle oder entzündete Hautstellen auftreten und ein Flohbefall ausgeschlossen wurde, ist immer auch an die Möglichkeit der verschiedenen Räudeerkrankungen zu denken (Demodexräude oder Sarcoptesräude). Beide werden durch Milben verursacht, die Demodex- und die Sarcoptesmilben. Demodexmilben sind auch beim gesunden Hund normale Bewohner des Haarfollikels und verursachen normalerweise keine Probleme. Eine Demodexräude bricht erst bei Hunden mit schlechtem oder unreifem Immunsystem aus, die Veranlagung zur Reaktion auf die Demodexmilben kann aber auch genetisch bedingt sein.

Die Sarcoptesräude verursacht einen sehr starken Juckreiz und ist auch auf den Menschen übertragbar, wo sie das Krankheitsbild der Pseudokrätze hervorruft. Sie kommt auch beim Rotfuchs oder bei Katzen vor und ist hoch ansteckend. Sie wird von den winzig kleinen Sarcoptesmilben verursacht, die sich in die Haut bohren und starken Juckreiz auslösen. Eine solche Räude kann, wenn sie unbehandelt bleibt, den Hund erheblich in seinem Allgemeinbefinden schwächen (bei Streunern führt sie sogar häufig zum Tod). Räude ist für andere Hunde sehr stark ansteckend und kann auch auf den Menschen als Fehlwirt übertragen werden.

Bei Hunden, die viel in Feld und Wald unterwegs sind, kann sich die Sarcoptesräude auch über Füchse übertragen – im Volksmund wird sie daher auch als »Fuchsräude« bezeichnet. Hunde, die am Fuchsbau und zur Jagd eingesetzt werden, sollen in Verbreitungsgebieten der Sarcoptesräude vorsorglich behandelt werden. Die Ansteckung erfolgt direkt von Tier zu Tier oder auch über Hundematten oder Tierboxen, die von mehreren Hunden benutzt werden wie z. B. auf Hundetrainingsplätzen, in Transportboxen usw. Am häufigsten ist aber die Übertragung von Hund zu Hund. Bei zweifelhaften Hauterkrankungen sollten Sie den Hund immer dem Tierarzt zeigen, um

möglichst frühzeitig geeignete Gegenmaßnahmen zu treffen.

Ohrenpflege

Die hängenden Ohren des Vizslas erschweren eine Belüftung des Gehörganges und bedürfen einer sorgfältigen Beobachtung und regelmäßigen Reinigung, um Entzündungen vorzubeugen. Manche Vizslas haben einen etwas engen Hörgang, der dann laufend überwacht werden muss. Meine Hündin ist zum Beispiel auf dem rechten Ohr empfindlicher und man erkennt schneller braune Rückstände im äußeren Gehörgang als im linken Ohr. Bei meinem Rüden sind beide Ohren unproblematisch.

Mit speziellen Ohrentropfen können die tiefen Gehörgänge des Hundes von getrockneten Rückständen gereinigt werden. Die Ohrentropfen werden in den Gehörgang eingeträufelt, dann kann der Gehörgang von außen kräftig massiert werden. Durch die Flüssigkeit der Ohrentropfen im Gehörgang entsteht ein glucksendes Geräusch, die Rückstände im tiefen Gehörgang werden aufge-

löst und desinfiziert. Mit einem Zellstofftaschentuch kann dann der äußere Gehörgang gereinigt werden. Ein Eindringen in den tieferen Gehörgang mit Wattestäbchen oder Ähnliches muss unbedingt vermieden werden. Der Hund entfernt die eingeträufelte Flüssigkeit durch Schütteln selbst aus dem Ohr, es ist daher eine Anwendung im Freien anzuraten.

Zahnpflege

Die Zähne des Vizslas sind von sehr guter Qualität, was mir auf Hundeausstellungen von den kontrollierenden Richtern schon mehrmals bestätigt wurde. Es ist kein besonderes Augenmerk auf die Zahnpflege zu richten. Ich gebe meinen Hunde regelmäßig Markknochen zum Nagen für die Zahnreinigung und zur Nahrungsergänzung. Es ist es wichtig, dass der Hund seine Zähne benutzt und sie dadurch kräftigt und reinigt. In anderen Hunderatgebern wird empfohlen, die Zähne des Hundes zu putzen. Ich finde das übertrieben. Wie beim Fell ist auch für die Zähne eine vernünftige Ernährung ausschlaggebend.

Die Fütterung des Magyar Vizslas

Über die Ernährung des Hundes gehen die Meinungen weit auseinander. Darum gebe ich hier meine persönlichen Fütterungsgewohnheiten weiter, mit denen ich die besten Erfahrungen gemacht habe:

Ich füttere meinen Hunden Fleisch, Gemüse, Reis oder Nudeln in Abwechslung mit einem guten Trockenfutter.

Die frisch gekochte Ration besteht aus 500 g Rindfleisch, einem Kochbeutel Reis und reichlich Gemüse, je nach Saison 300 bis 500 g für einen Hund.

Das Fleisch kaufe ich bei einem Futterhändler, der sich darauf spezialisiert hat und geeignetes Fleisch in einer Mischung aus Muskelfleisch, Gurgel und Schlund vom Rind mit oder ohne Pansen in tiefgefrorenen Portionen anbietet. Das Fleisch koche ich mit dem Reis oder mit Nudeln und gebe zum Ende der Garzeit das Gemüse zu. Das Fleisch kann in der zerkleinerten Form auch roh mit Nudeln oder Reis und Gemüse gegeben werden. Gelegentlich mische ich einen Esslöffel Öl oder ein Ei unter das Futter. Jeden zweiten Tag bekommen meine Hunde nur Trockenfutter bester Qualität. Einen Fasttag halte ich nicht ein. Je nach Jahreszeit oder Körpergewicht und Bewegung der Hunde fallen die Portio-

nen mal größer oder kleiner aus, damit die Hunde ihre gesunden Proportionen behalten.

Zur Nahrungsergänzung biete ich meinen Hunde etwa ein Mal in der Woche einen Markknochen an, der auch gute Dienste für die Zahnpflege leistet und die Hunde stundenlang beschäftigt.

Getrocknete Schweineohren oder Gurgeln sind sehr beliebt und werden zwischendurch zum Knabbern gegeben.

Meine Hunde bekommen ihr Futter ein Mal am Tag, und zwar am Abend.

Für Welpen bieten die Futterhersteller geeignete Trocken- oder Nassfutter an. Der Welpe wird anfangs drei Mal am Tag gefüttert. Ich habe dabei stets großen Wert auf Abwechslung gelegt, damit der Welpe alle notwendigen Nährstoffe bekommt. Von Reis mit Hühnchen über Hüttenkäse, Joghurt, Nudeln, Gemüse, Rinderhackfleisch und abwechselnd Welpenfutter habe ich den Welpen alles angeboten.

Es besteht hier allerdings die Gefahr, dass der Welpe auf den Geschmack kommt und nur noch sein Lieblingsfutter möchte. Bringt man einen gewissen Rhythmus in die Fütterung, zum Beispiel Hühnchen mit Reis und Gemüse am Morgen, Hüttenkäse am Mittag und Trockenfutter am Abend, stellt sich der Welpe darauf ein.

Meine tägliche Ration für einen Magyar Vizsla besteht aus:

1 Pfund Fleisch vom Rind, gemischt aus Muskelfleisch, Gurgel, Schlund, Pansen
1 Kochbeutel Reis oder die entsprechende Menge Nudeln
Etwa 1 Pfund Gemüse je nach Saison

Als Zusatzfutter biete ich zwischendurch an:

Einen Löffel Pflanzenöl ins Futter
Ein Ei ins Futter
Joghurt, Hüttenkäse
Einen Markknochen in der Woche
Hefeflocken über das Futter gestreut

Zum Kauen:
Getrocknete Gurgel, Schweineohren usw. – getrockneter Pansen ist besonders beliebt

Möchten Sie den Hund ausschließlich mit Trockenfutter ernähren, dann ist es ratsam, ihn nur an dieses Futter zu gewöhnen. Ich tendiere zu natürlichen Nahrungsmitteln, darum mache ich mir jeden zweiten Tag die Mühe mit der Zubereitung des Hundefutters.

Schweinefleisch darf nur in gekochter Form gefüttert werden. Durch rohes Schweinefleisch können tödliche Krankheiten wie die Aujeszkische Krankheit auf den Hund übertragen werden, Schweinefleisch sollte darum möglichst gemieden werden.

Alle anderen Fleischsorten wie Wild, Geflügel, Rind sind für Hunde bestens geeignet, natürlich auch Fisch oder Schaf. Es ist aber unbedingt darauf zu achten, dass nicht reines Muskelfleisch, das für den Menschen schöner aussieht, sondern auch Sehnen, Knorpel, Schlund, Pansen und so weiter in der Hundeportion enthalten sind. Spezialisierte Hersteller für solches Hundefleisch sind darauf eingerichtet und stellen es im richtigen Verhältnis zusammen.

Anstelle von Reis oder Nudeln können auch Haferflocken oder Hundeflocken gefüttert werden. Ich selbst füttere sie nicht, weil ich schon öfter gehört habe, dass viele Vizslas wohl Getreide nicht so gut vertragen sollen. Ob das wirklich generell stimmt, weiß ich nicht, probieren Sie deshalb einfach aus, was Ihr Hund am besten verträgt.

Reis scheint aber für futterempfindliche Hunde generell besser geeignet zu sein als Produkte, die zum Beispiel Weizen, Roggen oder Gerste enthalten.

Falls Ihr Hund Verdauungs- oder Hautprobleme haben sollte, kann dies durchaus am Futter liegen. Denken Sie bei der Suche nach der Ursache des Problems aber immer zuerst an die einfachsten und naheliegendsten Dinge: Frisst der Hund gerne? Trinkt er auffallend viel oder wenig? Füttern Sie die richtige Menge? Sind anderweitige Krankheiten oder körperliche Probleme (Magen, Zähne, Würmer ...) ausgeschlossen? Achten Sie auch genau darauf, was Ihr Hund so nebenbei noch frisst und beziehen Sie auch dies in Ihre Überlegungen mit ein. Meiner Erfahrung nach vertragen Hunde schön gekochten Reis mit Hühnchen- oder Putenfleisch immer sehr gut. Tasten Sie sich voran und fügen Sie gut verträgliche Gemüsesorten wie Karotten oder Brokkoli bissfest gekocht hinzu. Probieren Sie dann das Gleiche mit Rindfleisch usw. und versuchen, dem Problem auf den Grund zu kommen. Wenn Sie Flocken füttern, lassen Sie diese zur Probe einmal längere Zeit weg und schauen, ob sich etwas ändert. Teilen Sie dem Tierarzt Ihre Beobachtungen mit, dann kann er sich ein besseres Bild von den Beschwerden machen.

Für kranke und alte Hunde ist gekochtes Fleisch leichter verdaulich als rohes, das allerdings mehr Vitamine und Mineralien enthält.

Für welches Futter man sich entscheidet, hängt allerdings auch vom Geldbeutel des Hundebesitzers ab und davon, wie viel Zeit er hat. Für zerkleinertes, tiefgefrorenes Hundefleisch sind eventuell weitere Wege zu einem Anbieter einzukalkulieren, man muss einen Gefrierschrank besitzen und die Zutaten wie Reis und Gemüse kochen. Leichter geht es dann schon einmal, wenn man das Fleisch roh füttert und mit Hundeflocken vermischt, die bereits mit Gemüse angereichert sind. Noch leichter ist natürlich das Öffnen einer Dose mit vollwertigem Fertignassfutter. Wenn Sie ein solches kaufen, achten Sie aber auf jeden Fall auf die Inhaltsstoffe – sie sollten möglichst natürlich sein! Zucker zum Beispiel, leider neben Farb- und Aromastoffen in vielen billigen Dosenfuttern enthalten, hat im Hundefutter nichts zu suchen! Manche Fertigfutter haben leider auch einen sehr hohen Getreide- und nur einen geringen Fleischanteil, schauen Sie auch hier genauer hin, was genau Sie da füttern.

Hochwertiges Trockenfutter ist sicher am einfachsten in der Handhabung, es lässt sich gut lagern und füttern. Wie bereits erwähnt, füttere ich es meinen Hunden jeden zweiten Tag und füge ihm dabei reichlich Wasser zu. Dass frisches Wasser nebenbei immer zur Verfügung stehen muss, ist natürlich selbstverständlich.

Weiche Knochen, die der Hund fressen kann, werden oft schlecht oder gar nicht vertragen. Auf jeden Fall führen sie zur Verstopfung und sollten daher nicht in zu großen Mengen gegeben werden. Bei uns in Bayern gibt es gelegentlich Schweinebraten, dabei werden dann Rippchen mitgebraten, die Grundlage für eine gute Soße sind. Meine Hunde bekommen dann immer etwas von diesen Rippchen ab – das wissen sie genau und freuen sich schon, wenn ich das Fleisch in den Ofen schiebe. Es ist natürlich klar, dass Schweinerippchen, erst recht gewürzte, nicht auf dem normalen Hunde-Speiseplan stehen, aber manchmal darf eine kleine Sünde schon sein. Wichtig ist nur, dass die Rippchen gut durchgebraten sind und nicht zu viele auf einmal gegeben werden (vielleicht drei heute und drei morgen).

Auch weiche Kalbsknochen, die gefressen werden können, sollten nicht zu oft und zu viel gefüttert werden. Die steinharten Rinderknochen mit Mark sind dagegen ideal. Die Hunde können stundenlang daran nagen und sie bis

auf das Mark in der Mitte doch nicht fressen. Gerne verstecken die Hunde ihre Knochen im Garten und holen sie immer wieder hervor, um daran herumzunagen. Das pflegt die Zähne optimal und belastet die Verdauung nicht. Wenn meine Hunde neue Markknochen bekommen, lasse ich die alten unauffällig in der Mülltonne verschwinden.

Geflügelknochen und auch Knochen von Wildtieren splittern leicht und können den Hund schwer verletzen, ja sogar töten! Sie sind ungeeignet und dürfen auch in Ausnahmefällen nicht gefüttert werden. Ich bewache deshalb Hühnchenreste streng und bringe die Knochen sofort persönlich nach draußen in die Mülltonne, damit sich ja kein Hund daran vergreifen kann, wenn zum Beispiel die Tür zum Abfalleimer in der Küche aus Versehen offen steht.

Mein Rüde Janosch frisst gerne Schnee, was ich nicht so leicht verhindern kann. Mit dieser Unart hatte er sich einmal eine Magenverstimmung zugezogen: Speichel tropfte ihm aus dem Maul und er musste sich mehrmals übergeben, obwohl der Magen leer war. Ich war schon fast auf dem Weg zum Tierarzt, als eine Freundin mir riet, ihm einen Haferschleim zu kochen. Das probierte ich aus und

kochte Markknochen in viel Wasser aus, löste das Mark heraus und gab es in die Brühe, in der ich dann ein Päckchen feine Haferflocken kurz aufkochte. Nachdem die Mahlzeit gut abgekühlt war, stürzte Janosch sich mit gutem Appetit darauf. Und es half prima, seine Beschwerden verschwanden! Seitdem gibt es dieses leckere Futter bei uns öfter und ich konnte bei meinen Hunden noch keine Unverträglichkeit dagegen feststellen. Allerdings treten Futterunverträglichkeiten in aller Regel auch erst dann zutage, wenn ein bestimmtes Futter regelmäßig über einen längeren Zeitraum gegeben wird.

Papiere und Züchter

Wer sich einen Rassehund kaufen möchte, sollte sich zuvor ernsthafte Gedanken machen, woher er denn seinen Welpen bekommt. Wer mit einer Rasse noch nicht so vertraut ist, kennt die Zuchtbestimmungen und die Zuchtverbände nicht und muss sich erst auf die Suche nach einem Züchter machen. Wer sich dann nicht vorher informiert hat, wird von einem Züchter leicht beschwatzt und kann sich keine eigene kritische Meinung mehr bilden.

Welpen sind einfach süß, wer kann da schon widerstehen! Kritische Fragen treten in den Hintergrund und ein geschickter Verkäufer kann den bezauberten Interessenten problemlos um den Finger wickeln. Informieren Sie sich also vorher eingehend, besuchen Sie möglichst mehrere Züchter und schlafen Sie immer eine Nacht über eine Entscheidung.

Es ist ein aufregendes Abenteuer, einen Welpen zu suchen, man lernt Züchter kennen und kommt ganz schön herum, denn an der Entfernung sollte es nicht scheitern, den Traumhund zu finden. Nehmen Sie sich also Zeit und genießen Sie die Suche. Ihr neuer Begleiter wartet irgendwo auf Sie!

Ein niedriger Preis sollte übrigens nicht ausschlaggebend für Ihre Entscheidung sein. Sie betrachten Ihren Hund schließlich viele Jahre lang jeden Tag und erfreuen sich an seiner Schönheit und an seinem Charakter. Setzen Sie alle Sorgfalt daran, einen möglichst gesunden und verantwortungsbewusst gezüchteten Hund zu finden – ein solcher kostet realistisch ab rund eintausend Euro. Wird Ihnen ein Hund um die vierhundert Euro angeboten, sollten bei Ihnen alle Alarmglocken läuten.

Für den Züchter ist es unendlich aufwändig, die Welpen sorgfältig großzuziehen. Sie müssen rund um die Uhr umsorgt und gut sozialisiert werden. Sozialisation bedeutet, dass sie möglichst viel kennenlernen sollen, wie zum Beispiel das Haus, die Treppen, den Garten, Kinder, fremde Menschen und Hunde, das Autofahren, Musik und so weiter. Das kostet viel Zeit. Außerdem werden die Welpen mehrmals entwurmt, geimpft und gechipt.

Ein engagierter Züchter ist mit der Hündin und den Welpen mehr als gut beschäftigt und verkauft seine Welpen nur an ausgesuchte Kunden, von denen er den Eindruck gewinnt, dass es mit den Voraussetzungen für die Hundehaltung auch passt.

Ein seriöser Züchter interessiert sich somit für Sie und stellt Ihnen viele Fragen. Er verlangt, dass Sie persönlich bei ihm vorbeikommen, um sich einen Hund auszusuchen und auch sich selbst begutachten zu lassen. Er drängt Sie nicht, einen Hund zu kaufen, sondern rät Ihnen eher zur Vorsicht und zu Überlegungen.

Informieren Sie sich vorher, welche Voraussetzungen ein guter Züchter erfüllen muss. Schauen Sie sich die Hündin an, lassen Sie sich die Papiere zeigen, überprüfen Sie die Bescheinigung für die HD- Freiheit der Hündin und des Rüden. Auch wenn der Rüde nicht zugegen ist, sollten Sie die Papiere einsehen, sich Bilder zeigen lassen, die Anschrift des Halters notieren und sich eine Kopie der Ahnentafel aushändigen lassen. Achten Sie darauf, dass Ihnen der Hund in seinem normalen Umfeld gezeigt wird und nicht kurzfristig in ein gepflegtes Wohnzimmer oder eine schöne Vorgartenwiese gebracht wird. Bestehen Sie darauf, die Räumlichkeiten zu besichtigen, in denen der Welpe und die Hündin leben. Testen Sie ruhig, ob der Züchter etwas zu verbergen hat und vielleicht nur einen guten Eindruck vortäuscht.

Bitten Sie den Besitzer, mit der Hündin und Ihnen einen kleinen Rundgang an der Leine zu machen. Eine Hündin, die ihr Leben im Zwinger oder im Keller fristen muss, wird panisch und unruhig reagieren und nicht leinenführig sein.

Zuchtverbände

Die Welpen und die Elterntiere sollten einen Stammbaum eines anerkannten Zuchtverbandes haben. Zurzeit gibt es folgende Zuchtverbände:

Für die Ungarischen Vorstehhunde, zu denen der Magyar Vizsla gehört, gibt es in Deutschland den *VUV*, den *Verband Ungarischer Vorstehhunde*. Dieser Verband arbeitet nur für Jäger und deren Hunde. Den Welpen werden die Ruten kupiert, um dem gewohnten Erscheinungsbild des Jagdhundes näher zu kommen – es soll angeblich vor Verletzungen des Hundes schützen, wenn die Rute kurz ist. Wenn Sie kein Jäger sind, haben Sie keinen Zugang zu diesem Verband. Einige im VUV registrierte Züchter geben zwar auch Welpen an Nichtjäger ab, aber nicht alle, und wer selbst Magyar Vizslas züchten möchte, wird in diesen Verband nur aufgenommen, wenn er Jäger ist und der Hund die Jagdprüfungen abgelegt hat. Ein Jäger, der von seinem Rüden eine Hündin decken lässt, die nicht jagdlich geführt und der Besitzer nicht im VUV oder in der FCI registriert ist, wird aus dem Verband ausgeschlossen, er bekommt dann auch keine Papiere für die Welpen.

Dann gibt es noch den *VDH*, den *Verband für das Deutsche Hundewesen*, der als Dachverband alle Hunderassen und deren Rasseverbände vertritt. Der Rasseverband, der als einziger den Magyar Vizsla im VDH vertritt, ist wieder der VUV, der nur Jäger und deren Hunde zulässt. Für Nichtjäger ist somit auch kein Platz im VDH.

Die *FCI*, die *Fédération Cynologique Internationale* mit Sitz in Belgien, vertritt als übergeordneter internationaler Dachverband alle Hunderassen und wird für Deutschland durch den VDH vertreten. Wie schon erwähnt, erkennt der VDH aber nur den VUV an, womit sich die Katze wieder in den Schwanz beißt: Keine Mitgliedschaft für Nichtjäger.

Für die Schweiz und Österreich heißen die Zuchtverbände, die ihrerseits auch wiederum über die nationalen Dachverbände SKG (Schweiz) und ÖKV (Österreich) Mitglied in der FCI sind, »Magyar Vizsla Club der Schweiz« (MVCS) und in Österreich MVC, »Magyar Vizsla Club«. Auch diese Clubs sind vorwiegend in Jägerhand. Es werden über einige dort registrierte Züchter zwar auch Welpen an Nichtjäger verkauft, aber auch hier bleibt die Zucht in Jägerhand. Nichtjäger, die mit diesen Hunden züchten möchten, müssen sich freien Rassehundeverbänden wie dem FES (Fédération des Éleveurs Suisses, Bund der Schweizer Züchter) oder in Österreich dem RGÖ (Rasse- und Gebrauchshundezuchtverband Österreich) anschließen.

Wann ist man allerdings ein Jäger? Es fragt sich hier, wie die Befähigung zum Führen eines Jagdhundes im VUV zu verstehen ist? Reicht eine bestandene Jägerprüfung, wird einfach nur ein Jagdschein benötigt oder muss es ein gültiger Jagdschein sein, um Mitglied im VUV zu werden? Es gibt auch Jagdscheininhaber, die aber gar nicht zur Jagd gehen, wie schaut es da nun aus? Ein Jagdschein stellt nicht sicher, dass die Jagd ausgeübt wird, wann dürfen dann Welpen aus VUV Zucht erworben und damit weiter gezüchtet werden? Braucht man einen Nachweis wie einen Begehungsschein, ist man Jagdpächter, hat man eine Eigenjagd oder reicht es wenn man Jagdgast ist? Es gibt doch einige Fragen, die hier noch offen sind.

Wer sich also der Zucht des Magyar Vizslas widmet und kein Jäger ist und werden möchte, muss sich einen anderen Zuchtverband suchen, der alle Rassen vertritt – ungeachtet der Person und Standeszugehörigkeit.

Es gibt da zum Beispiel den *IRJGV e.V., Internationaler Rasse-Jagd- und Gebrauchshundeverband e.V.*, die *F.C.I. Federacion Canina Internacional*, einen Zuchtverband mit Sitz in Spanien, die *EKU, Europäische Kynologische Union*, den *DRV e.V., Deutscher Rassehunde Verband* oder den *BRV*, den *Bayerischen Rassehundeverband* und viele mehr. Ich selbst bin Mitglied im BRV, denn ich wohne in Bayern.

Diese Vereine bemühen sich gleichwertig um die Rassestandards, die Gesundheit und Richtigkeit der Zuchtbücher. Es gibt einen optischen Unterschied bei den Vizslas in den nicht jagdlich orientierten Verbänden – die Hunde haben eine naturbelassene Rute. Die Rute des Magyar Vizslas ist wunderschön und darf nach dem Tierschutzgesetz nicht kupiert werden.

Es ist also keinerlei Nachteil, wenn Ihr Hund eine Ahnentafel dieser Zuchtvereine hat. Es wird von den Mitgliedern des VUV leider öfter behauptet, nur im eigenen Verband registrierte Hunde hätten »richtige« Papiere.

Richtig ist lediglich, dass ein Hund mit VUV-Papieren einem Jäger gehört oder zumindest von einem Jäger gezüchtet wurde. Mitglieder des VUV sind auch angehalten, keinen Welpen an Nichtjäger zu verkaufen. Viele der dort organisierten Züchter prägen ihre Welpen auf Wildgerüche und bereiten sie somit auf die Jagd vor. Diese Hundehaltung bringt möglicherweise also sogar eher Nach-

Ein als Familienhund aufgewachsener Vizsla ist mit der entsprechenden Sozialisation auch zu Kleintieren sanft.

teile, wenn Sie einen Familienhund suchen, der kein Wild im Wald jagen soll und sanft und lieb mit allen Kreaturen ist.

Natürlich ist es kein Nachteil, wenn Ihr Welpe Papiere des VUV oder der FCI hat, im Gegenteil – es sind hervorragende Papiere, aber auch Papiere anderer Zuchtverbände sind ebenso vollwertige Papiere. Achten Sie also unbedingt darauf, dass der Welpe Papiere eines seriösen und anerkannten Zuchtverbandes hat.

Papiere, die sich ein Züchter selbst ausstellt, sind absolut wertlos.

Ein Züchter, der für seine Welpen Papiere eines anerkannten Zuchtverbandes bekommen möchte, muss seinen Hund im Zuchtverband registrieren lassen. Der Hund braucht eine anerkannte Ahnentafel, muss eine tierärztlich bescheinigte Zuchttauglichkeit (eine tierärztlich bescheinigte Fehlerlosigkeit) nachweisen und auf Hüftgelenksdysplasie (HD) geröntgt werden. Nur Hunde mit guten Hüften werden zur Zucht zugelassen. Die Vorschriften sind in den einzelnen Zuchtverbänden unterschiedlich, es muss aber immer die Herkunft des Hundes und seine Gesundheit bewiesen werden. Die tierärztlich nachzuweisenden Untersuchungen richten sich nach den rassespezifisch auftretenden Krankheiten. Es gibt

Rassen, die Probleme mit dem Hören haben, andere mit den Augen usw. Solche Rassemängel sollen züchterisch zurückgedrängt und möglichst ganz verhindert werden. Darum werden je nach Rasse bestimmte Untersuchungen auf Mangelfreiheit vom jeweiligen Zuchtverband gefordert und erst nach dem Ausschluss des Mangels eine Zuchttauglichkeit bescheinigt.

Hat sich ein Züchter keinem Verband angeschlossen, kann es gut sein, dass er und seine Hunde nicht anerkannt werden und ihm die Ausstellung von Papieren verweigert wird.

Vielleicht denken Sie jetzt, dass ein Hund sich nicht über das Papier definiert. Damit haben Sie auch völlig Recht. Bedenken Sie aber bitte, wie viel Missbrauch mit Hunden getrieben wird. Wer sich einen Rassehund kaufen möchte, sollte unbedingt darauf achten, dass er keine Tierquälerei unterstützt. Mit Rassehundewelpen lässt sich viel Geld verdienen! Zu gerne versuchen unseriöse Menschen, mit ungeeigneter Tierhaltung und mit nicht zuchttauglichen Hunden ahnungslose Käufer zu betrügen. Ein Züchter, der nicht am Wohle des Tieres interessiert ist, kann es im Zwinger leiden lassen, eine Hündin drei Mal im Jahr werfen lassen und dann, wenn sie nicht mehr kann, kurzer-

hand entsorgen. Ein verantwortungsloser Züchter besorgt sich einen billigen Hund, um mit ihm die größten Gewinne zu erzielen. Unterstützen Sie so etwas nicht und kaufen Sie nur einen Welpen von einer glücklichen Hündin.

Erbkrankheiten sind oft der Preis für einen unbedacht gekauften Hund. Beim Vizsla kommen vor allem erbliche Hautprobleme, Augenkrankheiten, Hüftgelenksdysplasie, Futterunverträglichkeiten und Epilepsie vor. Es ist daher großer Wert darauf zu legen, dass mit gesunden Eltern gezüchtet wird. Es ist nicht unbedingt schlau, beim Hundekauf zu sparen, denn ein vernünftiger Kaufpreis für einen Welpen kann hohe Tierarztkosten ersparen und noch mehr Hundeleid.

Ein guter Züchter hat nichts zu verbergen, er schließt sich einem guten Zuchtverband an und verlangt für seine Welpen einen angemessenen Preis. Er macht sich die Mühe, alle tierärztlichen und verbandesrechtlichen Voraussetzungen zu erfüllen und besucht vielleicht sogar Ausstellungen, um seine Zuchttiere begutachten zu lassen.

Natürlich gibt es leider auch unter den Züchtern in anerkannten Zuchtvereinen und -verbänden schwarze Schafe. Deshalb immer:

Hinfahren und vor Ort selbst überzeugen!

Züchter, die mehrere Rassen züchten, stehen in dem Ruf, Massenzüchter zu sein, die keinen großen Wert auf artgerechte Haltung und gute Sozialisierung der Hunde, geschweige denn auf optimale Fütterung und medizinische Versorgung legen.

Ein Welpe kommt ins Haus

Der stolze frischgebackene Hundebesitzer muss bedenken, dass er den Welpen in eine schwierige Situation bringt: Der kleine Hund muss von seiner Mutter und seinen Geschwistern weg und leidet darunter sehr. Alle aus meiner Zucht abgeholten Welpen haben die erste halbe Stunde im Auto gewinselt und gejault, obwohl sie liebevoll betreut wurden. Ein Welpe alleine in der freien Wildbahn ist dem sicheren Tod geweiht, er wird also mit allen Mitteln versuchen, bei seinem Rudel zu bleiben. Versetzen Sie sich bitte in das kleine Hündchen, das nur seinen Instinkten folgt und bemühen Sie sich, alles zu unternehmen, was ihm die Trennung erleichtert. Am wichtigsten ist sicher, den Welpen keinesfalls alleine zu lassen. Ersetzen Sie dem Hündchen die Sicherheit des Rudels und lassen sie es Tag und Nacht an Ihrer Seite sein. Natürlich müssen Sie den Hund nicht mit ins Bett nehmen, aber ein Körbchen neben Ihrem Bett muss schon sein.

Was muss man vorbereiten?

Zum Abholen sollten Sie ein Halsband und eine Hundeleine mitnehmen, damit Ihnen der kleine Racker nicht entwischen kann und in Gefahr gerät. Eine Decke oder ein Handtuch, das Sie bei früheren Besuchen beim Züchter gelassen haben, damit es den heimischen Geruch annimmt, vermittelt dem Welpen eine Erinnerung an Zuhause. Es ist damit zu rechnen, dass der Welpe sich übergeben muss, dafür tut das Handtuch dann auch gute Dienste. Rechnen Sie mit einer stressigen Abholaktion.

Nehmen Sie sich viel Zeit, damit die erste Aufregung sich legt und alle sich in Ruhe beschnuppern können. Halten Sie das gewohnte Futter bereit, vielleicht gibt der Züchter erste Rationen von seinem Futter mit.

Bequeme Hundeschlafplätze in allen Räumen, in denen Sie sich aufhalten, sollten bereitstehen (im Wohnzimmer, im Schlafzimmer, vielleicht im Arbeitszimmer). Bieten Sie dem Welpen einen Schlafplatz an, von dem aus er Sie immer beobachten kann.

Einen Tierarzt Ihres Vertrauens sollten Sie schon vorher ausgesucht haben, den Sie sofort kontaktieren können, wenn Probleme wie Durchfall oder Ähnliches auftreten sollten. Der Garten, so vorhanden, muss ausbruchsicher eingezäunt sein, damit der junge Hund gefahrlos sein neues Reich begutachten kann.

Rüde oder Hündin?

Das ist eine sehr schwierige Frage. Ich selbst war immer ein eingefleischter Fan von Hündinnen. Seit ich aber einen Rüden aus meiner Zucht behalten habe, kann ich meine frühere Einstellung nicht mehr so recht nachvollziehen.

Ich hatte früher einen West Highland Terrier Rüden, der mir dieses Geschlecht vermutlich verleidet hat. Mein Magyar Vizsla Rüde ist dagegen ausgesprochen angenehm und unproblematisch.

Es ist also relativ, jeder Hund ist anders, jede Rasse ist anders. Rüden sind sicher streitbarer und bei nachlässiger Erziehung vielleicht schwieriger, aber es kann bei einer Hündin auch massive Probleme geben. Es gibt Hündinnen, die wahre Giftzicken sind und Rüden, die Teddybären gleichen – oder umgekehrt.

Vermutlich liegt es viel an Ihrer Erziehung, welches Verhalten Sie von Ihrem neuen Familienmitglied einfordern. Sind Sie selbst überzeugt, dass sich ein Rüde mit anderen Rüden nicht verträgt, dann wird es auch so sein, denn Sie signalisieren Ihrem Hund: Es kommt ein Rüde – das ist bedenklich – ich muss dich anleinen – da gehst du lieber nicht hin. Mit einem solchen Verhalten bringen Sie Ihrem Hund ungewollt bei, dass andere Rüden nicht in Ordnung sind, denn schließlich scheinen Sie sich ja vor ihnen zu fürchten. Tritt Ihr Rüde dann voreingenommen und angespannt einem fremden Rüden gegenüber, kommt es leicht zu Aggressionen und Raufereien, denn Ihr Rüde signalisiert Angst oder Abwehr, was den fremden Rüden wiederum zu negativen Reaktionen veranlasst.

Ob Sie lieber einen Rüden oder eine Hündin nehmen, ist letzten Endes eine Frage des persönlichen Geschmacks.

Diese Missverständnisse steigern sich dann von Begegnung zu Begegnung. Dann brauchen Sie einen guten Hundetrainer, der Ihnen aus dieser Misere wieder heraushilft, Ihnen Ihre Fehler begreiflich macht und Ihrem Hund wieder zu einem normalen Verhalten verhilft. Aber gute Hundetrainer sind dünn gesät! Das Ganze läuft natürlich auch bei Hündinnen so ab, wenn Sie befürchten, Weibchen vertragen sich nicht mit Weibchen und so weiter ...

In der Tierwelt ist es vermutlich genauso wie bei den Menschen: Manche mögen sich, andere nicht. Vorurteile sollten nicht verfestigt werden. Andere Hunde müssen respektiert werden, denn es könnte ja sein, dass das Frauchen des anderen Hundes glaubt, Hündinnen vertragen sich nicht mit Hündinnen ... Gehen Sie einfach weiter und bringen Sie Ihrem Hund bei, dass man schwierige Situationen am besten meidet.

Ermöglichen Sie Ihrem Hund reichlich Kontakte mit fremden Hunden. Haben Sie nicht genügend Spielkameraden für Ihren Welpen in der Nähe, dann besuchen Sie Welpenspielstunden, damit der Umgang mit Artgenossen für Ihren Hund selbstverständlich wird und Ihr Hund andere Hunde und deren Körpersprache verstehen lernt. Auch Hunde lernen das Verhalten anderer Hunde nur durch Übung.

Bringen Sie Ihrem Hund bei, dass man fremde Hunde einfach kurz »abcheckt« und dabei entscheidet, ob man einen Freund gefunden oder es mit einem »Grantler« zu tun hat. Wenn sich fremde Hunde schon von vornherein aggressiv zeigen, gehen Sie natürlich erst gar nicht mit Ihrem Hund hin, sondern gleich zügig weiter. Auch wenn aus der zuerst friedlichen Begegnung Spannungen und Aggressionen entstehen, gehen Sie einfach mit Ihrem Hund weg – die Begegnung wird beendet, auf Streitereien lassen wir uns gar nicht erst ein.

Die ersten Tage mit dem Welpen

Viel Zeit und Ruhe sind eine gute Voraussetzung für die ersten Tage mit dem Welpen. Genießen Sie diese wichtige Zeit! Sicher wird die Erziehung zur Stubenreinheit des Kleinen eine große Rolle in Ihrem Tagesablauf spielen. Je nachdem, wie der Züchter die Welpen vorbereitet hat, wird es länger dauern oder schnell gelernt sein.

Bei unseren Welpen hatte ich ab der vierten Woche ein Gartenhäuschen mit Freilauf hergerichtet, damit sie für ihr Geschäftchen ins Freie gehen konnten. Das Häuschen hatte ich mit Plastikfolie ausgelegt und darauf alte Decken und große Handtücher ausgebreitet. Es war zwar mühsam, täglich zweimal die Decken zu

wechseln und die Plastikfolie sauber zu machen, aber von Tag zu Tag verschmutzten weniger Hundchen das Schlafbett. Meine Waschmaschine wurde damals arg strapaziert, aber es hat sich gelohnt! Die Welpen waren bei der Abgabe alle ganz schnell sauber.

Hält der Züchter die Welpen in einem Raum, der nicht regelmäßig gründlich gereinigt wird und wo die Hunde in ihrem Schlafbereich ihr Geschäft verrichten, dann kann das Sauberwerden lange Zeit in Anspruch nehmen.

Wie dem auch sei, da müssen Sie durch. Mit viel Aufmerksamkeit und Geduld lernt der junge Hund, wo kein Pfützchen und Häufchen gemacht werden soll.

Der Welpe muss nach jedem Schlafen und Fressen sofort ins Freie gebracht werden. Macht er sein Geschäftchen, wird er durch viel Lob bestätigt. Klappt es einmal nicht, wird der Welpe zur Erinnerung ins Freie gebracht und das Malheur möglichst gründlich beseitigt. Normalerweise lernt der kleine Hund schnell, was Sie von ihm möchten. Jede Härte und Ungeduld ist hier fehl am Platz. Bedenken Sie, dass der junge Hund Durchfall oder eine Erkältung haben könnte und Sie ihm Unrecht tun, wenn es mal nicht so recht klappt mit der Sauberkeit.

Es ist natürlich nicht bequem, wenn man aus dem Bett springen

muss, sobald der Welpe aufsteht, um ihn in den Garten zu bringen – erst recht nicht in der kalten Jahreszeit. Hilfreich ist aber vielleicht, wenn Sie eine Hundebox neben Ihrem Bett aufstellen, damit der Welpe nicht im Schlafzimmer herumspazieren kann und schnell lernt, wo er die Nacht verbringen soll. Weil er Hemmungen hat, sein Schlafbett zu beschmutzen, haben Sie auch mehr Chancen, den Garten trocken zu erreichen. Sicher geht es auch ohne Hundebox, ich selbst hatte keine und trotzdem wurde meine Nachtruhe von Tag zu Tag länger und die Situation entspannter. Freilich ist mit Ausschlafen bis zehn Uhr erst mal nichts mehr drin, außer Sie waren schon um sechs Uhr im Garten. Aber diese Phase dauert ja nicht so lange!

Vor lauter Freude über das knuddelige Hündchen dürfen Sie die Erziehung nicht vergessen. Schon vom ersten Tag an sollten die Weichen klar gestellt werden: Entscheiden Sie sich, was der Hund darf und was nicht. Grundlegende Situationen wie

- Darf der Hund auf das Sofa?
- Darf der Hund ins Bett?
- Wird der Hund vom Tisch gefüttert?
- Darf der Hund Möbel anknabbern?
- Darf der Hund Schuhe zerkauen?

sollten vorher überdacht werden. Vermutlich werden Sie alle diese Fragen mit »nein« beantworten. Dann ist es logischerweise am einfachsten, diese Regeln auch gleich von Anfang an einzuführen. Auf die Konsequenz und auf die Absprache in der Familie kommt es hier an! Alle müssen diese Regeln beachten – der Hund lernt dann diese Verhaltensweisen sehr leicht, die Oma vielleicht nie (bei mir ist es leider so).

Sobald der Welpe bei Ihnen einzieht, sollte mit der Erziehung begonnen werden. Das bedeutet natürlich nicht, dass Sie Ihr Hundchen »dressieren« und »abrichten« müssen. Sie und die ganze Familie sollten lediglich ein Programm entwerfen, das Sie in Ihren Alltag einbauen.

Einigen Sie sich auf wenige wichtige Kommandoworte, zum Beispiel für das Herkommen (Hierher!) oder für das Unterlassen nicht erlaubten Anknabberns von Dingen wie beispielsweise Schuhen (Aus!) oder für das Hinsetzen (Sitz!). Je nach Bedarf können Sie eigene Kommandowörter entwickeln, die dann entsprechend verwendet werden – und zwar von allen Familienmitgliedern. Überfordern Sie Ihren Hund nicht mit belehrenden Sätzen, sondern benutzen Sie nur das jeweilige Kommandowort.

Macht sich der Welpe zum Beispiel an einem Schuh zu schaffen, unterbrechen Sie ihn mit einem klaren »Aus«. Schaut Sie der Welpe dann überrascht an und macht munter weiter, kommt sofort wieder das klare »Aus«. Glaubt der Hund immer noch nicht, dass der Schuh tabu ist, darf mit einem leichten Schütteln am Hals, das mit einem weiteren »Aus« betont wird, nachgeholfen werden.

Wichtig ist, dass der Schuh liegen bleibt und in Ruhe gelassen wird. Ihr Welpe lernt schnell, was erlaubt ist und was nicht. Dann genügt schon ein Blick oder ein Klopfen am Tisch und der Hund lässt von seinem unerlaubten Vorhaben ab.

Aber zurück zu den Kommandos: Wenn Sie also ein Kommando geben, ist es unabdingbar, dass Sie es auch durchsetzen. Ein halbherziger Versuch Ihrerseits nach dem Motto »vielleicht folgt er ja« ist immer zu Scheitern verurteilt und untergräbt Ihre Autorität für immer. Mehr dazu im Kapitel über die Erziehung.

Freilich ist mit einem so kleinen Hund nachsichtig zu verfahren, brechen Sie ein unerwünschtes Verhalten lieber ab, als den Hund zu erschrecken oder zu überfordern. Schritt für Schritt nähern Sie sich Ihrem Ziel, einen folgsamen und angenehmen Hund um sich zu haben.

Nützen Sie für den Lernvorgang vor allem die positive Bestärkung. Das könnte zum Beispiel so aussehen, dass Sie Ihren Hund mit »Hierher!« zu sich rufen, dabei in die Knie gehen und einladend die Arme ausbreiten und richtig große Freude zeigen, wenn er eifrig angelaufen kommt. So lernt schon der Welpe, dass Herkommen toll ist, weil Herrchen oder Frauchen sich dann so freuen.

Kommt Ihr Hund dann nicht, haben Sie etwas Entscheidendes falsch gemacht. Vermutlich war der Hund zu sehr abgelenkt, vielleicht haben mehrere Personen mitgemischt, der Hund hatte gerade etwas zu fressen bekommen und so weiter. Sie müssen lernen, die Kommandos richtig zu geben. Sorgen Sie darum für eine störungsfreie Situation. Spielen Sie mit dem Hund, richten Sie seine Aufmerksamkeit auf sich. Geben Sie das Kommando nur, wenn es auch umgesetzt werden kann. Beobachten Sie Ihren Hund und entwickeln Sie ein Gefühl für ihn und sein Befinden. Ein Welpe, der noch neu in Ihrem Heim und ganz verunsichert ist, kann diese Übung natürlich nicht bewältigen. Ein Hund muss sich sicher und wohl fühlen und spielbereit sein. Vor allem müssen Sie ein Gespür dafür entwickeln, wann es sinnvoll ist, mit dem Hund zu üben. Er darf nicht durch zu viele Wiederholungen und stressige

Übungseinheiten genervt werden. Wenn Sie die Übung immer wieder in Ihren Alltag einflechten, werden Sie Ihren Welpen in kürzester Zeit gut beeinflussen können und zu einem glücklichen Team werden. Ohne Stress, aber mit jede Menge Konsequenz.

Gibt es ein Durcheinander von Kommandos, die dann nicht umgesetzt werden oder Resignation Ihrerseits wie zum Beispiel »Jetzt geht es halt nicht«, wird Ihnen die Erziehung entgleiten. Es ist hier unbestritten so, dass Sie mehr lernen müssen als der Hund – es sei denn, Sie sind schon erfahrener Hundehalter. Es ist unabdingbar, dass die Kommunikation zwischen Ihnen und Ihrem Hund von Anfang an stattfindet und laufend verbessert wird. Ausreden wie »Das wird schon irgendwann« oder »Das machen wir, wenn der Hund älter ist« führen ins Chaos. Zumindest wird es dann richtig schwierig und verlangt im Nachhinein ein Umdenken von Ihnen. Besser von Anfang an richtig!

Auf diese Weise lernt Ihr Hund auch spielerisch das Kommando »Hierher!« (oder eben das von Ihnen ausgewählte Wort für »Herkommen«, das Sie immer verwenden, wenn der Hund kommen soll). Der Hund erlernt dieses Verhalten und automatisiert es im Lauf der Zeit – aber nur dann, und das ist ganz wichtig, wenn es immer konsequent eingefordert

wird. Natürlich kann auch einmal eine Leckerei gegeben werden, wenn das Herkommen vielleicht schwieriger war als sonst oder eine größere Distanz überwunden werden muss. Futter sollte aber nicht zum ständigen Erziehungsmittel werden.

Die Hauptsache bei allem ist, dass der Hund seine Rolle als Ihr Begleiter freudig und konsequent lernt. Versuchen Sie möglichst, alle Lernprozesse mit positiven Erfahrungen zu besetzen – zeigen Sie also viel Freude und loben Sie oft. Der kleine Hund will es Ihnen ja sehr gerne Recht machen, wenn er nur Ihre Wünsche erkennt und Sie ihm das gewünschte Verhalten klar vermitteln können.

Natürlich wird der Hund auch gelegentlich auf die Idee kommen,

Ihr Kommando zu missachten, obwohl er durchaus in der Lage wäre, es zu verstehen und auszuführen. Dann weisen Sie ihn zurecht und setzen sich durch. Es versteht sich von selbst, dass Sie dann keine Freude zeigen, sondern Missfallen ausdrücken. Das Kommando wird niemals übergangen – der Hund kommt her! Das mag am Anfang mühsam erscheinen, der Lohn ist Ihnen aber sicher, wenn Sie einen folgsamen Hund mit sich führen, der an der unsichtbaren Leine geleitet werden kann. Diese Ordnung des Zusammenlebens sollten Sie von Anfang an anwenden.

Sorgen Sie auch immer für ausreichend Spielzeug und etwas zum Kauen. Es gibt im Fachhandel Kauknochen, getrocknete Schweineohren, Markknochen und Spielsachen aller Art.

Vor allem vergessen Sie nie: Sie haben einen Magyar Vizsla. Er ist zwar leicht zu erziehen, aber tun müssen Sie es schon – sonst erzieht der Hund im Handumdrehen Sie!

Wenn Sie das Herkommen von Anfang an spielerisch, aber konsequent üben, wird schon der kleine Hund auf Ihr Kommando hin begeistert angerannt kommen.

Wo schläft der Hund?

Idealerweise darf der Hund immer an Ihrer Seite sein. Das entspricht seiner Veranlagung am besten und ist artgerecht.

Wenn Sie Fotos von Magyar Vizslas betrachten, werden Sie bemerken, dass der Hund auffallend oft auf weichen oder kuscheligen Unterlagen liegt. Das ist kein Zufall, denn der Vizsla liebt es weich. Natürlich möchte der Vizsla am liebsten in Ihrem Bett schlafen und auf Ihrem Sofa sitzen. Mir persönlich wäre das zu unhygienisch und auch zu störend. Der Vizsla akzeptiert wie jeder andere Hund auch den Schlafplatz, den Sie ihm zuweisen. Ich habe im Wohnzimmer und im Schlafzimmer je zwei Hundebetten, damit die Hunde wissen, wo sie ungestört schlafen können.

Ich habe auch von den anderen Lösungen gehört, die ideal waren. Vielleicht haben Sie doch ein altes Sofa und erlauben dem Hund, es zu benutzen. Je nach Vorlieben kann der beste Platz gefunden werden, aber bitte im Einklang mit Ihrer Entscheidung. Hier gilt das Gesetz: Wehret den Anfängen!

Das Foto mit den Vizslas im Schlafanzug soll kein Witz sein – meine Hunde tragen im Winter tatsächlich einen, damit sie wie gewohnt bei mir Schlafzimmer neben dem Bett schlafen können. Ich schlafe bei offenem Fenster, was für die Hunde zum entspannten Schlafen zu kalt wäre. Dem kurzhaarigen Hund mit seinen Eigenheiten und Bedürfnissen muss schon Rechnung getragen werden – was sein muss, muss sein!

Soll der Hund nicht in Ihr Schlafzimmer, dann gewöhnen Sie den Welpen an den zugedachten Platz, der allerdings nicht zu abseits gelegen sein sollte. Zur Gewöhnung richten Sie Ihr Nachtlager die ersten Tage neben seinem Schlafplatz ein, so lange, bis sich der Hund bei Ihnen eingewöhnt hat. Das ist dann der Fall, wenn er sich in Ihrem Heim sicher fühlt, so wie im Nestchen bei seiner Mama.

Eine Hundehütte im Garten oder ein Zwinger sind für den Magyar Vizsla auf keinen Fall geeignet. Wenn Sie Ihren Hund nicht ins Haus lassen wollen, dann verzichten Sie bitte auf einen Magyar Vizsla. Auch ein anderer Hund mag nicht alleine sein, aber für einen Vizsla wäre diese Haltung besonders ungeeignet.

Das Autofahren

Manchmal macht das Autofahren am Anfang Probleme – dem Hund wird schlecht oder er winselt und jammert. Vielleicht ist ja eine stressige Erinnerung von der ersten Fahrt vom Züchter ins neue Heim zurückgeblieben.

Dann ist es wichtig, dass dem Autofahren der Schrecken genommen wird. Es gilt, das Fahren in den Alltag einzubauen und zur Selbstverständlichkeit werden zu lassen. Versuchen Sie, keinerlei Aufhebens zu machen und üben Sie einfach nur kurze Fahrten mit dem Hund. Trösten Sie ihn nicht und loben Sie ihn auch nicht bei der Ankunft. Fahren Sie immer, bevor der Hund sein Futter bekommt, damit er sich nicht so leicht übergeben muss. Jede Anspannung Ihrerseits würde auf den Hund übertragen und ihm signalisieren, dass Gefahr und Stress drohen. Bleiben Sie deshalb völlig gelassen, fahren Sie nur um den Block und steigen wieder aus. Nehmen Sie eine vertraute Person mit, die den Welpen auf den Schoß nimmt, damit er sich geborgen fühlt.

Je besser es gelingt, mit dem Autofahren positive Erlebnisse zu verbinden, umso schneller wird Ihr Hund zum freudigen Beifahrer. So könnten Sie zum Beispiel Fahrten zu schönen Spaziergängen oder zum Welpentreffen unternehmen, die dem Hund das

Meine Vizslas im Schlafanzug. Es ist natürlich ein ganz normaler Fleece-Overall für draußen, den meine Hunde in der Nacht im kalten Schlafzimmer tragen.

Autofahren interessant machen.

Für den Hund ist die schnelle Fortbewegung im Auto ungewohnt, diese neue Erfahrung muss ihm erst vertraut gemacht werden. Ist dem Hund das Fahren bekannt und verhält er sich unauffällig, kann ein sicherer Platz in einer Hundebox oder im mit Hundegitter abgetrennten Laderaum eines Kombi eingenommen werden.

Meine Hunde fahren im Laderaum meines Kombis mit und springen freudig heraus, wenn ich die Klappe geöffnet habe. Befinde ich mich aber an einer befahrenen Straße, gebe ich vor dem Öffnen des Laderaums das Kommando »Bleib«. Die Hunde haben dieses Kommando gut gelernt und es klappt hervorragend – ich kann die Hunde in Ruhe anleinen und dann gefahrlos aussteigen lassen. Diese Routine können Sie schon beim Welpen einüben.

Vorsicht bei Sonnenschein: Auch bei niedrigen Außentemperaturen heizt sich das Innere eines geparkten Autos dann so schnell und hoch auf, dass es für den im Auto zurückgelassenen Hund sehr schnell viel zu heiß werden kann. Im Sommer kann dann sogar ein Hitzekollaps drohen. Suchen Sie also stets einen schattigen Parkplatz und lassen das Fenster einen Spalt breit geöffnet, wenn Sie den Hund im geparkten Auto zurücklassen und bedenken Sie, dass der Schatten schnell wandert. Ein im Schatten geparktes Auto kann schon eine halbe Stunde später in der prallen Sonne stehen!

Meine Hunde fahren im Laderaum meines Kombis mit und warten dort auch auf mich, wenn ich kurze Einkäufe mache. Dabei achte ich immer darauf, dass das Auto im Schatten parkt und alle Fenster einen Spalt weit geöffnet bleiben, damit es nicht zu heiß wird.

Sozialkontakte

Der Magyar Vizsla ist ein ausgesprochen freundlicher Hund. Er zeigt Menschen und auch Hunden gegenüber ein offenes und zugewandtes Wesen. Meine aus Ungarn stammende Hündin war am Anfang überschwänglich begeistert von anderen Hunden, sie sprang alle immer sofort an und bot sich zum Spielen an. Das wäre vermutlich gelegentlich schiefgegangen, hätten wir da nicht vorsorglich die Weichen gestellt und ihr beigebracht, das man erst abwartet, wie sich eine Situation entwickelt. Als sie dann von einer fremden Hündin ordentlich zurechtgewiesen wurde, ließ sie künftig bei ihren Begrüßungen mehr Vorsicht walten.

Bei ihrem Sohn Janosch, der bei uns unter ihrer Aufsicht groß wurde, mussten wir fast nie eingreifen, denn er lernte alles wie von selbst und wurde von seiner Mutter eingewiesen.

Oft herrscht noch der Glaube vor, einem Welpen könne nichts passieren, weil er noch »Welpenschutz« hätte und andere Hunde diesen respektieren würden. Das trifft aber nur bedingt zu und auf den Welpenschutz sollte man sich keinesfalls verlassen. Außerdem muss der Hund ohnehin richtiges Verhalten zu anderen Hunden lernen, denn die Welpenzeit ist irgendwann zu Ende.

Ein Hund, der nicht mit anderen Hunden umgehen kann, ist eines Großteils seiner Freiheit beraubt. Der Besitzer ist verunsichert und ängstlich, wenn es mit den fremden Hunden nicht klappt. Ärger ist vorprogrammiert, man versucht Hundebegegnungen zu vermeiden und geht in den späten Abendstunden oder früh am Morgen Gassi. Ein Teufelskreis, der sich immer mehr verselbstständigt, entsteht.

Die Sozialisierung des Hundes ist also eine sehr wichtige Erziehungsphase.

Dabei ist es wirklich nichts besonderes, denn jeder Hund kennt sich mit Hunden bestens aus, zumindest lernt er es im normalen Rudel ganz von selbst. Sie dürfen Ihren Hund somit nur nicht vor Hunden abschirmen, sondern müssen ihm ausreichend viele Kontakte ermöglichen.

In der Natur übernimmt es die Hündin oder der Rüde, die Welpen vor Gefahren zu beschützen. Diese Rolle müssen Sie nun übernehmen, denn der Welpe darf natürlich auch nicht uneingeschränkt fremden Hunden überlassen werden.

Das klingt vielleicht verwirrend, zuerst wird empfohlen, den Welpen möglichst viele Hundekontakte haben zu lassen, dann wird vor fremden Hunden gewarnt. Dabei ist es wirklich ganz einfach: Sie schicken Ihr Kind ja

Der Idealfall: Der kleine Hund lernt von seiner Mama.

auch nicht zuerst an die Universität, sondern lassen es Schritt für Schritt ins Leben hineinwachsen. Auch der Hund braucht Ihre Hilfestellung, denn Sie haben ihn von seiner Mutter weggenommen und müssen sie nun ersetzen.

Andere Hunde können für einen Welpen durchaus gefährlich sein. Zu große und ungestüme Hunde könnten ihm die Rippen brechen oder das Rückgrat verletzen. Sie übernehmen hier die Orientierungs- und Schutzfunktion für Ihren kleinen Hund. Er muss sich voll auf Sie verlassen können. Sie tragen ihn, wenn der Weg zu weit ist und zeigen ihm, mit wem er spielen kann.

Es braucht keine wissenschaftlichen Erklärungen und Schulungen, verfahren Sie einfach nach Ihrem Gefühl, verhelfen Sie dem Hund zu einem guten Start ins Hundeleben. Dabei wachsen Sie zusammen, bauen Vertrauen auf und legen den Grundstein für Ihr Mensch-Hund Verhältnis.

Denn der Schlüssel zur erfolgreichen Partnerschaft ist immer dieses richtige Verhältnis − Sie sind der Lehrer, Anführer, Leitwolf, Beschützer, wie immer Sie es auch nennen möchten.

Allerdings sollte immer ganz klar sein: Vermenschlichen Sie Ihren Hund nicht. Ihr Hund ist ein Hund und so sollte er auch in Ihr Leben eingebaut werden. Mehr dazu im Kapitel »Erziehung«.

Hunde spielen Fangen, Raufen, Stöckchen abjagen. Es ist ein Überlebenstraining, das hier wohl spielerisch eingeübt wird. Von klein auf rangeln die Welpen im Spiel miteinander. Nimmt man den Welpen aus der Gruppe, muss dieser Prozess natürlich weitergehen.

Übernehmen Sie die Orientierungs- und Schutzfunktion für Ihren kleinen Hund.

Hoffentlich gibt es in Ihrer Umgebung Hunde, mit denen sich Ihr Welpe anfreunden kann. Oder Sie haben selbst schon einen Hund, der einen Großteil der Erziehung für Sie übernimmt. Sicher ist es in jedem Fall sinnvoll, einige Welpenspielstunden zu besuchen, wie sie von fast allen Hundeschulen angeboten werden. Übernehmen Sie aber auch hier die Regie und machen Sie mit Ihrem Welpen nur mit, was Ihnen sinnvoll erscheint. Die Hundeerziehung treibt in manchen Hundeschulen seltsame Blüten, weshalb Sie immer Ihren kritischen Verstand walten lassen sollten.

Wenn der Trainer oder die Trainerin Ihnen empfehlen sollte, den Welpen ständig mit einem Leckerchen zu lenken oder immer dann, wenn der Welpe Sie ins Hosenbein zwickt, auf einen Stuhl zu steigen, bis es dem Hund zu dumm wird, dann denken Sie bitte erst einmal selbst nach und tun dann das, was Sie für richtig halten. Hundetrainer darf sich leider immer noch jeder nennen, der Begriff ist nicht geschützt. Suchen Sie auf jeden Fall eine Welpenspielstunde auf, in der die Welpen nach Gewicht und Alter in Gruppen eingeteilt werden, damit kein Schaden entstehen kann. Das Spiel der Welpen muss vom Hundetrainer (und Ihnen!) überwacht werden, damit es nicht ausartet, denn es gibt auch im Welpenalter schon ungezogene und aggressive Hunde.

Am besten lernt der Welpe natürlich von seiner Mama, aber nicht alle Welpen können bei ihr bleiben und brauchen reichlich Kontakt mit erwachsenen Hunden und mit jungen Hunden. Mit den Kleinen lernen sie das Rangeln und von den Großen werden sie erzogen und erfahren ihre Grenzen und den Respekt vor erwachsenen Hunden. Aber alles immer unter Ihrem Schutz und Ihrer Aufsicht!

Das Spiel der Hunde untereinander sieht mitunter ruppig aus, ist aber nie böse gemeint. Es entstehen keinerlei Verletzungen. Beim normalen Spiel kennt jeder seine Grenzen. Geht ein junger Hund zu weit, wird er vom Älteren zurechtgewiesen. Auch Spielen will gelernt sein. Die Hunde zeigen und benutzen ihre Zähne, aber immer mit Gefühl.

Spielen und Laufen machen zusammen mehr Spaß. Zwei Hunde bewegen sich viel mehr und haben mehr Freude in der Natur. Was einer entdeckt, muss der andere auch sehen. Wo der eine hinläuft, will der andere auch gewesen sein. Dazwischen werden kleine Showkämpfe eingebaut, bei denen sich die Hunde richtig austoben.

Die Erziehung des Magyar Vizslas

Was die Hundeerziehung betrifft, entstehen immer neue Trainingsmethoden und Lehrmeinungen. Man streitet sich um Begriffe wie Rudelkonzept, Dominanzverhalten, Rangeinweisung und viele mehr. Oft drängt sich mir der Eindruck auf, dass es hier nicht nur um Hundeerziehung, sondern eher um Vermarktungsvorteile geht. Widerlegt ein Trainer die Theorie eines erfolgreichen Trainers, kommt er vielleicht an eine bessere Vermarktungsmöglichkeit für seine Methoden.

Diese Erziehungsratschläge der Hundetrainer werden in der Regel in unglaublich ausschweifender Form mit unendlichen Beispielen ausgearbeitet und nach der Lektüre weiß der Leser wieder nicht, wozu diese umständlichen Erklärungen gut sind. Mir geht es jedenfalls so.

Der Hund ist der älteste Begleiter des Menschen und als solcher eigentlich ganz leicht zu verstehen. Man braucht viel Erfahrung im Umgang mit Hunden, am besten von früher Kindheit an, um alles aus dem Gefühl heraus richtig zu machen. Jedem Kind sollten diese Erfahrungen möglich gemacht werden, es gehört meiner Meinung nach zur Allgemeinbildung. Lässt man sich auf dieses Tier ein, ergibt sich eine artgerechte Kommunikation von selbst. Denn nur das richtige Eingehen auf den Hund bringt den für beide Seiten gewünschten Erfolg.

Fast alle Probleme im Zusammenleben mit einem Hund haben ihre Ursache in mangelnder Führungsqualität des Menschen.

Sie holen einen Welpen ins Haus, möglichst aus einer guten Zucht und können davon ausgehen, dass Sie es mit einem durch und durch lieben, braven und lernbegierigen Hund zu tun haben. Dieser Hund ist Ihnen ganz und gar ausgeliefert, es liegt in Ihrer Hand, wie und ob Sie ihn zu

Ihrem Traumhund machen oder zu einem Albtraum.

Jeder Hund braucht außer Geborgenheit und Liebe eine klare Lebenssituation mit festgelegten Beziehungen und Regeln. Der Hund ist ein Ordnungsfanatiker, ohne eine klare Lebensstruktur kann er sich nicht orientieren.

Als von Natur aus sozial organisiertes Wesen braucht der Hund die Sicherheit des Rudels. Es fällt ihm leicht, sich darin einzuordnen und er tut es gern, denn er weiß instinktiv, dass sein Überleben von der Zugehörigkeit zu dieser Gruppe abhängt. Dazu braucht der Hund eine Person, die ihm die Regeln zeigt und die Einhaltung überwacht.

In der Natur haben ranghöhere Tiere eine bevorzugte Stellung bei der Nahrungsbeschaffung, bei der Auswahl der Schlaf- und Ruheplätze oder auch zu den Paarungspartnern. Sie haben aber auch Pflichten, denn sie verteidigen die Gruppe vor Angriffen, schlichten Streitigkeiten zwischen den Rudelmitgliedern und sorgen für den Zusammenhalt der Gruppe. Der Welpe wird in eine intakte Beziehungsstruktur mit überlebenssichernder und friedenssichernder Rangfolge hineingeboren. Eine solche klare Kompetenzstruktur benötigt der kleine Hund auch in seinem menschlichen Umfeld.

Es spielt für den Hund in der

Natur keine Rolle, in welcher Position er sich in der Hierarchie befindet. Ob der Hund in einem Rudel eine höhere oder niedrigere Position einnimmt, ist für ihn unwichtig, Hauptsache ist die klare Struktur dieser Ordnung und das klare Wissen um seine Position. Im Zusammenleben mit dem Menschen erkennt der Hund alle Personen in seinem Umfeld als klare Leitpersonen an, wenn diese ihre überlegene Position richtig einzunehmen verstehen. Diese Rangfolge ergibt sich zwingend aus den Fähigkeiten des Menschen. Der Mensch kann als intelligentes Wesen, das deutlich über dem Hund steht, die Eigenarten des Hundes erkennen, ihn artgerecht in sein Leben einbauen und sicher leiten und führen.

Das gilt auch für Kinder in der Familie – auch sie müssen vom Hund respektiert werden. Natürlich kommt die Autorität hier vom Erwachsenen her, der das Kind unter seinen besonderen Schutz stellt. Läuft zum Beispiel ein Kleinkind mit einer Brezel herum, darf der Hund sie ihm nicht abnehmen, was ihm ja leicht möglich wäre. Der Erwachsene dehnt seine Autorität auf das Kind aus, das ja selbst noch keine besitzt. Das ist auch der Grund, warum kleine Kinder nie mit Hunden alleine gelassen werden sollten. Einmal die Brezel geklaut, immer die Brezel geklaut.

Leider leben viele Hunde ohne eine klare Beziehung zu ihrem Besitzer, sie verhalten sich unsicher und ängstlich, kompensieren ihre fehlende Ordnung mit Verhaltensstörungen und nicht selten mit Aggression. Fast immer sind inkonsequentes und unsicheres oder auch falsches, willkürliches, unberechenbares Handeln von Seiten des Menschen daran schuld.

Ein glücklicher Hund dagegen schaut freudig zu seinem Besitzer auf, denn er fühlt sich sicher und weiß, dass er sich auf sein Frauchen oder Herrchen verlassen kann.

Es liegt in der Natur des Hundes, sich in einem Rudel zu integrieren und eine klare Kompetenzstruktur vorzufinden. Natürlich ist das Verhältnis eines Hundes in der Familie ein anderes als das eines Hundes im Hunderudel. Bei einem Mensch-Hund-Verhältnis bleibt unter anderem die Hierarchie immer gleich.

Es versteht sich von selbst, dass der Mensch in der Rangfolge weit über dem Hund steht. Leider ist das in vielen Fällen umgekehrt, der Hund wird vermenschlicht, er ist mit dieser Situation völlig überfordert und der Mensch frustriert weil nichts klappt mit der Erziehung. Dieses Missverständnis treibt üble Blüten und beschert den Hunden in unserer Gesellschaft einen zunehmend schlechten Ruf

Was ist also eine klare Beziehungsstruktur?

Hier können wir durchaus einen Vergleich aus der menschlichen Pädagogik heranziehen: Eine Autorität ist ein Vorbild, das souverän ist, Regeln vorgibt und deren Einhaltung wohlwollend durchsetzt. Eine Autorität ist eine Beziehungsqualität, die zweiseitig ist und sich gegenseitig anerkennt.

Das bedeutet konkret: Der Mensch erkennt seinen Hund als Hund an und der Hund seinen Menschen als seine übergeordnete Autorität.

Eine Autoritätsperson missbraucht ihre Autorität nicht, ist niemals ungerecht, jähzornig oder willkürlich. Mit Angst und Einschüchterung kann kein brauchbares Verhältnis zum Hund aufgebaut werden.

Nennen wir es also einfach Autorität, die Sie gegenüber Ihrem Hund haben sollten und veranschaulichen wir es an einem Beispiel:

Ein Löwenrudel macht sich über eine Beute her und frisst. Da erscheint der ranghöhere Löwe, woraufhin alle anderen Löwen das Feld räumen und ihm den Vortritt lassen. Der ranghöhere Löwe bittet nicht, er dankt und belohnt auch nicht, er ist einfach der Chef.

Der Chef agiert und ignoriert, die anderen reagieren.

Diese Autorität muss durch ein bestimmtes Verhalten signalisiert und klar gemacht werden. Durch richtiges Verhalten werden Sie die anerkannte Autorität für Ihren Hund. Das fängt, wie bereits im Welpenkapitel besprochen, schon am ersten Tag an: Der Schuh bleibt liegen und wird nicht zerkaut – der Hund wird nie bei Tisch gefüttert und … und … und.

Eigentlich ist es ganz einfach, denn es liegt in der Natur der Sache. Sie sind als Mensch dem Hund in jeder Weise überlegen und haben somit die Führungsposition. So gesehen sind Hund und Mensch ein ideales Team, anders als bei Pferd oder Katze, wo der

Aufbau einer gut funktionierenden Beziehung viel schwieriger und in der intensiven Form wie mit einem Hund gar nicht möglich ist. Der Hund schließt sich dem Menschen von Natur aus gerne an und akzeptiert ihn als sein Vorbild. Nehmen Sie Ihre Stellung ein und seien Sie Ihrem Hund ein wohlwollender Anführer – Sie werden einen gut erzogenen Vorzeigehund haben, um den Sie oft beneidet werden.

Mit einer spielerischen Übung können Sie Ihre Autorität festigen und Aufmerksamkeit beim Hund erzielen:

Spielen Sie ein Zerrspiel mit einem Spielzeug, das der Hund gerne hat. Kämpfen Sie mit dem Hund um das Spielzeug und bre-

chen dann das Spiel abrupt ab. Mit einem klaren »Aus« verlangen Sie, dass der Hund das Spielzeug loslässt und beenden das Spiel. Dieses Verhalten bringt Ihnen beim Hund großen Respekt ein. Nur ein Ranghöherer ist dazu in der Lage, ein Spiel auf Kommando abzubrechen. Im Verlauf eines Zerrspiels können Sie dann nach dem »Aus« auch das Kommando »Sitz« einbauen usw. Der Hund ist während des Spiel besonders aufmerksam und empfänglich für Gehorsamsübungen. Macht der Hund alles folgsam, kann abschließend gewaltig gelobt werden. Dann bleibt ein begeisterter Eindruck beim Hund zurück.

Solche Spiele sollen nur kurze Zeit dauern und den Hund nicht überfordern. Sie können mehrmals täglich wiederholt werden. So festigen Sie Schritt für Schritt Ihre Führungsposition bei Ihrem Hund.

Achten Sie bei Lernübungen immer darauf, dass der Hund in aufmerksamer Verfassung ist. Und ganz wichtig ist: Wohlwollendes Lob kann nicht überschwänglich genug sein und ist der höchste Lohn für den Hund – besser als ein Leckerli!

Ein Hund, der alles richtig machen kann, ist stolz und glücklich. Machen Sie es Ihrem Hund so leicht wie möglich, überfordern Sie ihn nicht, verlangen Sie nur,

Spielen Sie mit Ihrem Hund das Zerrspiel.

Beenden Sie das Spiel abrupt mit einem klaren Kommando, wie z. B. »Aus«.

Hat der Hund diese Übung gelernt, kann noch das »Sitz« angefügt werden.

was er schon gelernt hat und gehen Sie Schritt für Schritt voran. Geben Sie klare Befehle und verwenden Sie dazu immer das gleiche, gelernte Wort.

Nach meiner Erfahrung ist es beim Magyar Vizsla besonders wichtig, das sofortige Herkommen gut zu üben. Der Hund ist sehr schnell und intelligent, er ist ein Jagdhund und findet ein flüchtendes Reh durchaus interessant (wenn er ihm auch nichts tun würde und sich nicht weit von Ihnen entfernt).

Legen Sie also auf das Kommando »hierher« großen Wert und üben Sie es schrittweise richtig gut ein. Zuerst im Wohnzimmer, dann im Garten, dann im Park, dann mit sich langsam steigernden Ablenkungen.

Jeder Welpe reagiert erfreut, wenn Sie in die Hocke gehen und die Hände ausbreiten. Mit dieser Geste verstärken Sie Ihr Kommando »Hierher!«. Der junge Hund wird ermuntert, zu Ihnen zu kommen und soll dann freudig von Ihnen begrüßt werden. Benutzen Sie immer das Kommando »hierher« und schon bald verbindet der Hund das Herkommen mit diesem Wort.

Entscheidend ist hier natürlich, dass Sie das Herkommen immer verlangen, wenn Sie das Kommando geben. Ist der Hund abgelenkt und folgt nicht, müssen Sie den Hund eben holen und Ihr Missfal-

len zum Ausdruck bringen. Ich packe den Hund an der Haut am Genick und schimpfe ihn aus. Der Hund wird dann an die Stelle gebracht, an die er von selber hätte kommen sollen. Je nach Situation leine ich den Hund an, wenn die Versuchung besteht, dass er sich wieder interessanteren Dingen zuwendet. Ich sage dann auch nicht »brav, brav«, denn der Hund war nicht brav. Ich gehe mit meinem Hund weiter, er soll schon begreifen, dass das jetzt nicht so toll ist.

Die Übung wird dann nach kurzer Zeit wiederholt, um mit einen positiven Lerneffekt abzuschließen. Ist die verfängliche Situation vorbei, leine ich den Hund wieder ab, entferne mich nur wenig, gehe in die Hocke und breite die Arme aus und gebe mein Kommando »hierher«. Die Übung wird so leicht wie möglich gestaltet, damit der Hund seine freudige Einstellung dazu wiederfinden kann. Dann darf auch gelobt werden.

Mancher Leser mag erschrecken, wenn ich schreibe, dass ich den jungen Hund am Genick packe und ihn ausschimpfe. Natürlich orientiere ich mich dabei immer an meinem Hund – habe ich einen jungen Vizsla vor mir, ist der Griff ans Genick eine reine Geste der Einschüchterung, ein Ausdruck von »so geht es nicht«. Es muss da nicht geschüttelt und schon gar nicht weh getan werden.

Der Hund soll auch nicht angeschrien werde, ein scharfer Ton genügt.

Jeder hat schon einmal einen wütenden Hund erlebt, der einen Artgenossen zurechtweist. Hunde untereinander gehen nicht zimperlich miteinander um, die Rechte des Ranghöheren werden rigoros eingefordert.

Wichtig ist hier, dass Sie sich durchsetzen müssen. Wiederholen Sie die Übung dann öfter mit positivem Erfolg. In schwierigen Situationen achten Sie darauf, dass Ihr Kommando frühzeitig kommt und nicht erst, wenn Ihr Hund schon zu weit weg und schwer zu beeinflussen ist. Haben Sie nicht aufgepasst und das Kommando zu spät gegeben, kann es natürlich angebracht sein, den Hund zu holen und anzuleinen, ohne ihn für sein Verhalten zu bestrafen. Aber dann bitte auch nicht loben. Der Hund lernt schnell, wann Sie sich freuen oder ärgerlich sind. Er wird versuchen, Sie immer positiv zu stimmen – geben Sie ihm diese Gelegenheit und zeigen Sie eine klare Reaktion. Also keinesfalls loben, wenn es nicht gut ist.

Ein Hund kann nicht verstehen, wenn er nach einem Fehlverhalten zurückgeholt und dann auch noch gelobt wird. »Jetzt ist er ja wieder brav« geht ins Leere! Der Hund ist immer brav, aber Sie haben den Verstand und die Voraussicht und die Autorität. Der

Hund will nichts Böses wenn er vor einem Auto über die Straße läuft – nur ist er dann eben leider tot. Er muss lernen, dass Ihr Kommando wichtiger ist als der Hund auf den anderen Straßenseite – das sichert sein Überleben.

Früher wurden antiquierte Erziehungsstile mit Härte und barschem Ton angewandt, in manchen »Ausbildungsstätten« ist es leider immer noch so. Aus dieser falschen Einstellung hat sich in den letzten Jahren eine Umkehrung ins Gegenteil herausgebildet, es ist eine Erziehung in einer Art »Laissez-faire-Stil« entstanden, bei dem eine sinnvolle Erziehung ganz unterlassen wird. Der Hund soll seine Freiheit haben und seine Neigungen ausleben dürfen. Genau das Gegenteil kommt aber dabei heraus, der Hund ist orientierungslos, sozial unangepasst und wird eines großen Teils seiner Freiheit beraubt, weil er überall negativ auffällt: Es wird ein Problemhund herangezogen. Das »Problem« eines solchen Hundes ist allerdings nur der Mensch, der ihn nicht art- und hundegerecht erzieht. Zur Erziehung des Hundes gehört auch das gelegentliche Verbot, das mit geeigneten Mitteln durchgesetzt wird. Er muss lernen, dass es unkomfortabel ist, die Anweisungen seines »Alphatieres« Mensch nicht zu beachten.

Darum üben Sie in Ruhe und Gelassenheit die Befolgung von Kommandos spielerisch, mit Bestärkung durch Freude.

Das »Hierher« kann übrigens auch gut in das Zerrspiel eingebaut werden. Sie kämpfen mit dem Hund um ein Spielzeug, verlangen das »Aus«, geben dann das Kommando »Sitz« und dann noch das Kommandowort »Bleib«, sofern Sie es schon zuvor einzeln eingeübt haben. Sie können sich dann einige Schritte entfernen und geben dann das Kommando »Hierher!«. Dann kann das Spiel weiter gehen, oder ein Lob beendet die Übung.

Das Wort Kommando verdeutlicht meiner Ansicht nach den Sinn dieser festgelegten Wörter sehr gut und hat nichts mit militärischem Drill zu tun. Ich bitte also, das Wort nicht falsch zu verstehen. Es soll den Sinn beinhalten, dass es angewandt auch ausgeführt werden muss. Natürlich könnte ich eine andere Bezeichnung verwenden, oder ein neues Wort kreieren, wie Zauberwort oder Codewort usw. Es kommt aber nur darauf an, dass klar wird was ich meine und nicht auf die Wortklaubereien. Hier steht für Kommando ein Wort, das Sie sich ausgedacht haben und das bei der Anwendung auch umgesetzt werden muss.

Oben: Das Kommando »Bleib«.

Mitte: Das Kommando »Hierher«.

Unten: Loben des Hundes durch Körperkontakt.

Unruhige Vizslas?

Gelegentlich hört man sagen, der Magyar Vizsla sei von Natur aus ein unruhiges Nervenbündel. Ich weiß nicht, ob es von der Genetik her unruhige Vizslas gibt. Es empfiehlt sich daher, die Elterntiere genau anzuschauen. Bei einem normalen, arbeitsfreudigen und immer aufmerksamen Vizsla liegt es meiner Meinung nach eher an der Erziehung, wie sich der Hund im Haus verhält.

Meine Kinder waren, wie schon einmal am Anfang des Buches erwähnt, der Meinung, dieser Hund brauche viel Aktivität und Zuwendung und spielten ständig mit dem Welpen. Das Resultat war, dass der kleine Hund immerwährend in freudiger Erwartung war und wedelnd für neue Aktionen bereit stand. Wenn Sie Ihrem Hund aber signalisieren, dass Ruhe angesagt ist, wenn auch Sie sich ruhig verhalten indem Sie zum Beispiel kochen, Zeitung lesen oder in der Sonne liegen, wird sich der Hund danach richten. Es kommt darauf an, wie der Hund erzogen wird und welche Gewohnheiten eingeführt werden.

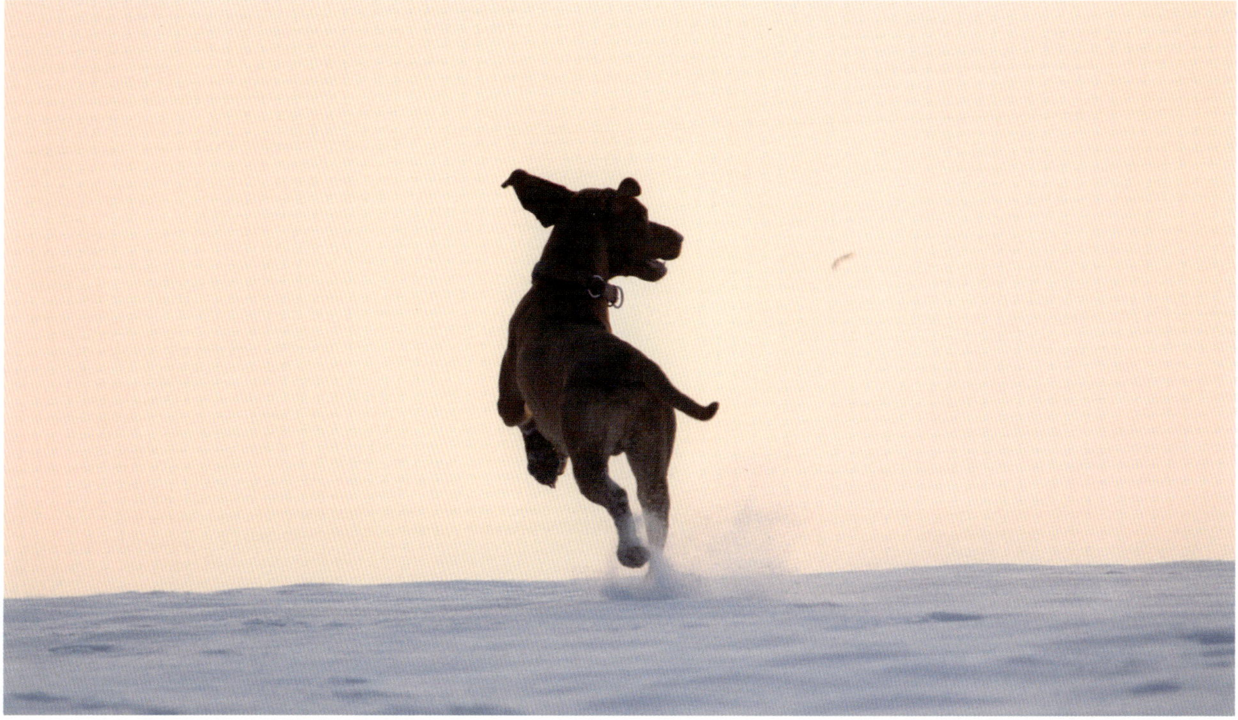

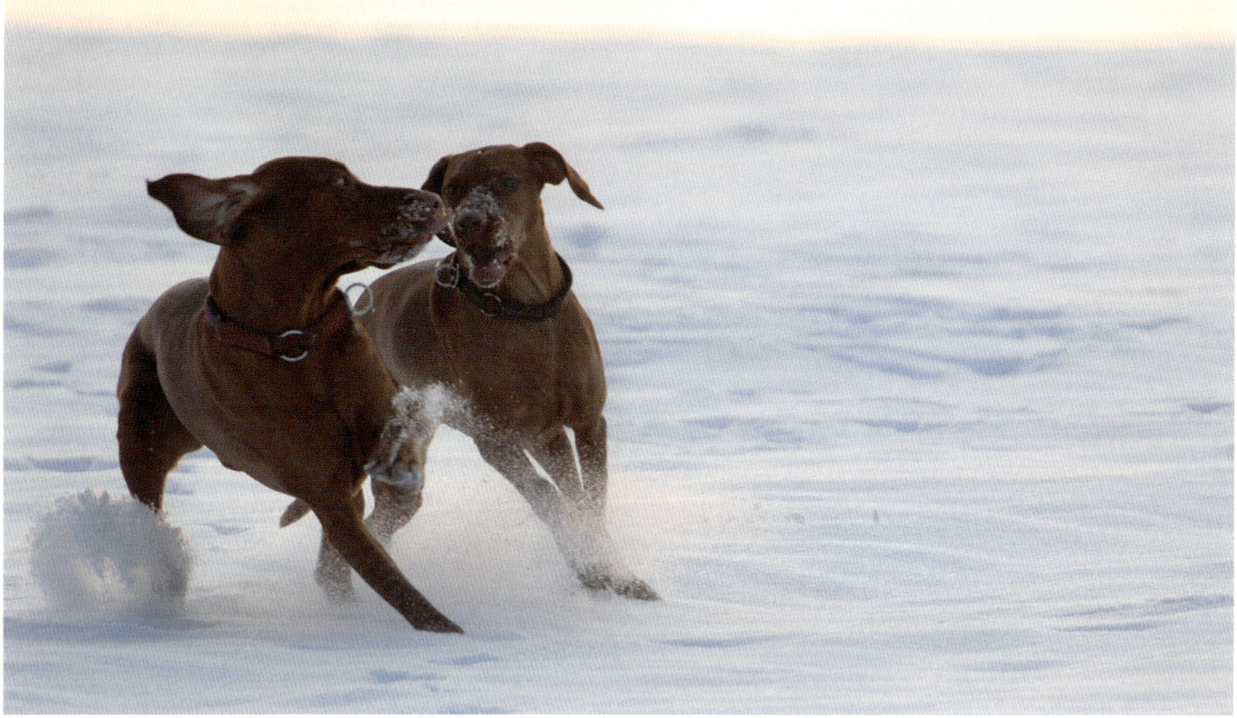

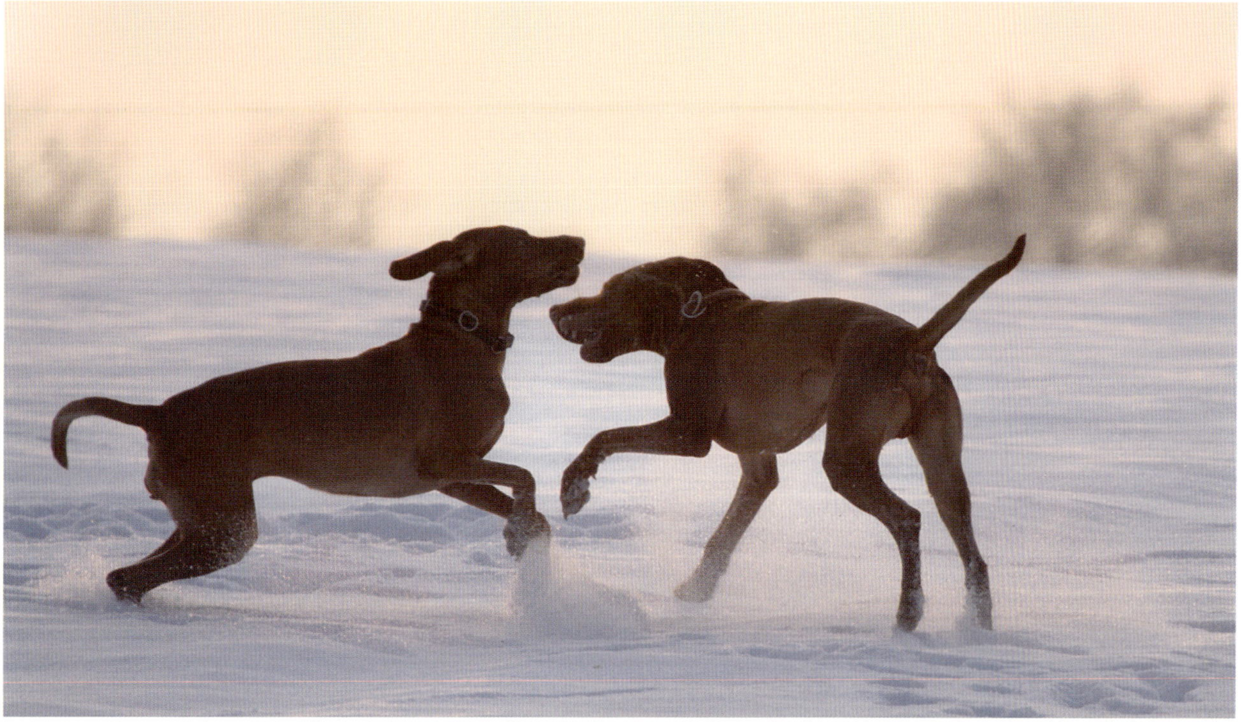

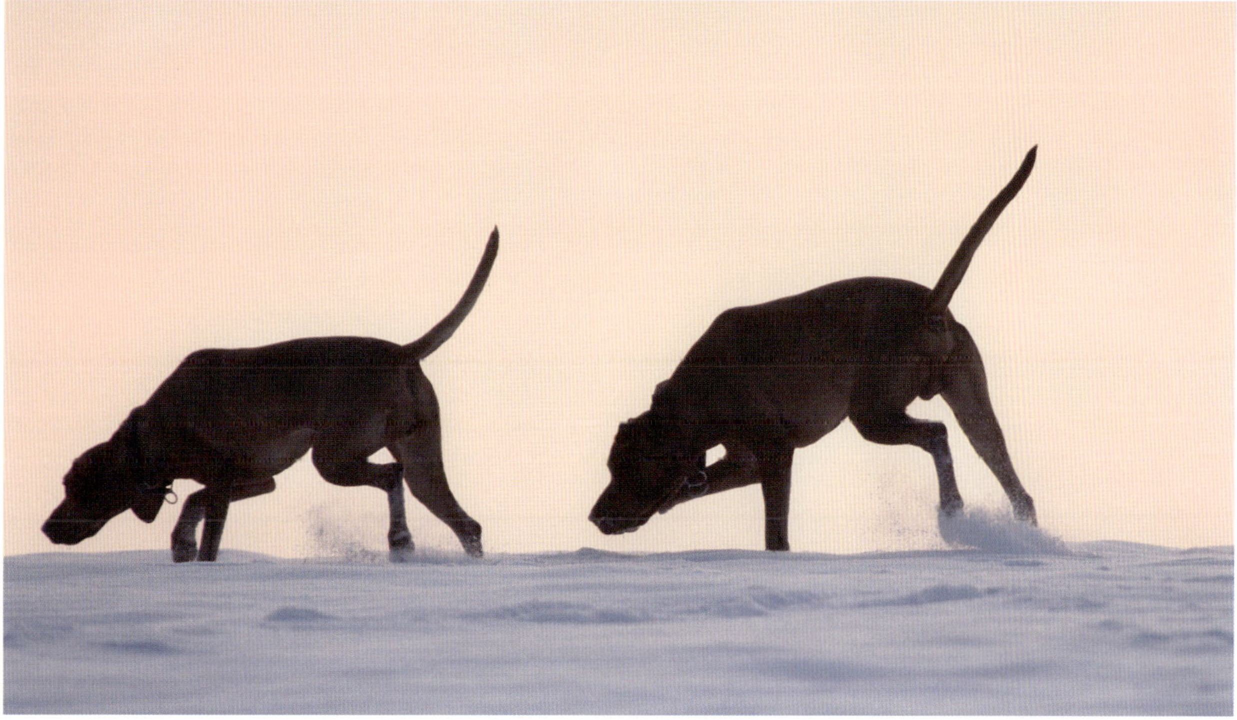

Begrüßungsrituale

Eine zu Beginn noch nett erscheinende Eigenschaft des Vizslas ist die begeisterte Begrüßung »seiner« Menschen: Hier zieht der Hund alle Register! Diese Veranlagung sollte von Anfang an in erträgliche Bahnen gelenkt werden. Vor allem das Anspringen kann beim erwachsenen Hund für ältere Menschen gefährlich werden. Auch, wenn man nicht darauf gefasst ist, kann es einen durchaus in Sturzgefahr bringen.

Denken Sie sich ein Wort wie zum Beispiel »nein« aus, verlangen Sie, dass der Hund am Boden bleibt und loben Sie erst dann, wenn er seine Freude unter Kontrolle hat. Ich begrüße meine Hunde nicht großartig, meist nur mit der Stimme, vor allem dann, wenn ich nicht lange weg war. Bei kurzer Abwesenheit fällt die Begrüßung meinerseits ganz aus – die Hunde laufen freudig wedelnd um mich herum und das war es. Denken Sie auch hier wieder an den Chef im Löwenrudel: Ein echter Chef kommt einfach und wird bewundert. Auch Hunde sind so gestrickt, der Ranghöhere gibt sich nicht mit Begrüßungen ab.

Ich unterlasse Begrüßungsrituale aber nicht deshalb, weil ich der Ranghöhere sein möchte (das bin ich auch so), sondern weil es im Alltag lästig wäre. Ich begrüße meine Familie ja auch nicht froh-

Eva wird begrüßt – etwas heftiger als andere Besucher, denn sie hat immer etwas Leckeres dabei.

lockend, wenn ich vom Brötchen-holen komme.

Beim erwachsenen Hund darf ruhig mit Belohnungen und Freudebekundungen im Alltag sparsamer umgegangen werden, der Hund merkt auch so, dass Sie sich freuen. Das genügt vollkommen. Sprechen Sie viel mit dem Hund, wenn Sie mit ihm unterwegs sind. Eine Bemerkung, wie »das ist fein«, »brav Joschi« oder Ähnliches genügt, wenn der Hund aufmerksam ist und etwas richtig macht.

Die Flegelphase

Ihr Hund wird schnell lernen und Ihnen viel Freude machen, aber so um seinen neunten Lebensmonat herum kann ein pubertärer Rückschlag kommen. Der junge Hund folgt plötzlich nicht mehr so recht, als wäre etwas mit den Ohren nicht in Ordnung.

Wenn Sie darauf gefasst sind und wissen, dass so eine Flegelphase kommt und entsprechend reagieren, ist sie auch gleich wieder vorbei. Es kostet dann für kurze Zeit etwas mehr Mühe, sich durchzusetzen und die Folgsamkeit einzufordern. Sie werden denken »Das hatten wir doch schon so gut gelernt!« und ärgern sich vielleicht. Seien Sie einfach in dieser Phase etwas strenger und machen Sie dem pubertierenden Hund mit Nachdruck klar, wer der Chef ist. Dann wird der Spuk schnell vorbei sein.

Sie verlangen aber vom Hund nicht nur Gehorsam, sondern es versteht sich von selbst, dass Sie auch für seine Sicherheit garantieren. Sie sind nicht nur die Autorität, sondern auch der verlässliche Beschützer Ihres Hundes. So ist es im Straßenverkehr selbstverständlich, dass der Hund immer an der Leine geführt wird. Eine der größten Gefahren sind andere Hunde, die schlecht erzogen sind. Und das werden leider immer mehr.

In der berühmten Flegelphase um den neunten Monat herum kann es passieren, dass Ihr Hund plötzlich wundersame Probleme mit dem Funktionieren seines Gehörs zu haben scheint.

Verhalten bei Hundebegegnungen

Bringen Sie Ihrem Hund generell bei, dass er zu Ihnen kommt, wenn fremde Hunde auftauchen und erst abwartet, ob Sie grünes Licht für eine Kontaktaufnahme geben oder ob einfach vorbeigegangen wird. Sie entwickeln schnell einen guten Blick dafür, wie eine Situation einzuschätzen ist.

Der Idealfall ist: Es kommt ein Hund ohne Leine auf Sie zu, der Besitzer ist ganz ruhig und schaut, ob Ihr Hund angeleint ist. Wenn beide Hunde frei laufen und beide Besitzer im Blickkontakt ruhig bleiben und nicht anleinen, sollte alles o. k. sein. Die Hunde können Kontakt aufnehmen. So war es jedenfalls früher, es ist ein ungeschriebenes Gesetz unter Hundebesitzern. Mein Hund geht ohne Anleinen und ist somit aggressionsfrei.

Führe ich meinen Hund an der Leine oder leine an, wenn ein Hund kommt, heißt das, mein Hund will keinen Kontakt, er ist mit Vorsicht zu genießen, oder läufig usw. Dann reagiert der entgegenkommende Hundebesitzer ebenfalls mit Anleinen und geht ohne Kontaktaufnahme vorbei.

Kommt Ihr Hund in eine Konfliktsituation mit einem anderen Hund, rufen Sie Ihren Hund zu sich, oder gehen, wenn das nicht mehr möglich ist, sofort dazwischen. Beenden Sie das Problem,

Oben: Was hast denn du da?

Unten: Hundespiele können durchaus ruppig aussehen, wenn nur ein Moment festgehalten wird.

indem Sie Ihren Hund bei sich behalten und den Besitzer des anderen Hundes bitten, es ebenso zu tun. Schnell kann es passieren, dass Sie belehrt werden: »Mein Hund macht nur die Rangfolge aus, das ist doch normal, da passiert doch nichts.« Bleiben Sie bei Ihrer Entscheidung und gehen Sie einfach weiter.

Es werden bei Begegnungen keine Rangfolgen ausgerauft, keine Aggressionen gezeigt, kein Hund und auch kein Mensch angefeindet. Erziehen Sie Ihren Hund zu einem freundlichen und friedlichen Wesen, das sich in jedem Fall auf Sie verlassen kann.

Ihr Hund ist mit seinem »Rudelchef« unterwegs, der ihm Sicherheit garantiert, darum muss er nichts beschützen oder verteidigen, er ist ja sicher an Ihrer Seite! Der Hund weiß auch genau, dass keine Aggressionen von Ihnen geduldet werden.

Hier trifft in der Tat das Sprichwort zu: »Zeige mir Deinen Hund und ich sage Dir, wer Du bist!«

Es wird hier klar verständlich, dass ein Hundehalter, der selbst Angst hat, seinen Hund nicht sicher führen kann. Wie soll er Sicherheit garantieren und die Führerrolle übernehmen, wenn er den Hund eigene Unsicherheit spüren lässt? Hunde haben sehr feine Antennen, eine Unsicherheit des Besitzers kann nicht verborgen wer-

Diese beiden Hunde inspizieren sich bei der ersten Begegnung intensiv. Es liegt zuerst viel Spannung in der Luft, die sich dann aber schnell legt.

87

den. Der Hund wird veranlasst, zu beschützen oder selber ängstlich zu reagieren, was zu Aggressivität und laufenden Missverständnissen mit anderen Hunden führt.

Selbstverständlich muss es sein, dass Sie Ihren Hund mit Vertrauen erziehen und ihm nicht durch ungeeignete Härte Angst machen. Ein Hund, der Angst und Härte erfährt, wird tatsächlich gefährlich. Ein unsicherer Hund mit einem unsicheren oder unerfahrenen Menschen kann natürlich seine Abwehrmöglichkeit benutzen und bellen, drohen und beißen. Der Hund signalisiert dann die Situation, in der er sich mit seinem Besitzer befindet.

Die Belohnung des Hundes

Die schönste Belohnung ist für einen Hund ein glückliches Hundeleben im Einklang mit seinem Besitzer. Gelingt die Kommunikation zwischen Herrn und Hund, wird jeder Spaziergang zur Freude, es kann immer wieder bestärkend gelobt werden, das ist der größte Lohn für einen Hund.

Ich persönlich halte die generelle Belohnung des Hundes mit Leckerlis für kontraproduktiv. Der Hund folgt selbstverständlich und gern und sofort, wenn Sie das einfordern und er tut es, um Ihnen zu gefallen und um sich Ihr Wohlwollen zu sichern. Das sind Naturgesetze, die auch im Hunderudel gelten und die das Zusammenle-

ben regeln. Gehorcht der Hund nur, um an Futter zu gelangen, werden diese natürlichen Regeln außer Kraft gesetzt, Ihre Autorität untergraben, das Augenmerk auf das Leckerli gelenkt. Als anfängliche Lernverstärkung bei neuen Übungen kann mit einem Leckerli gearbeitet werden (ich selbst mache es niemals). Findet man den richtigen Zugang zu seinem Hund und hält man die Rangordnung ein, erkennt man schnell die Unwichtigkeit des Leckerlis.

Zu diesem Thema scheiden sich natürlich die Geister und ich möchte niemandem zu nahe treten. Es ist mir allerdings ein Anliegen, auf die meiner Ansicht nach erzieherische Sinnlosigkeit der generellen Belohnung mit Leckerlis hinzuweisen. Sie sollen Ihren Hund nicht anlocken, sondern ihm den Gehorsam lehren.

Kommunizieren Sie mit Ihrem Hund vom ersten Tag an. Lehren Sie ihn die wichtigen Verhaltensregeln, fordern Sie die Einhaltung dieser Regeln konsequent ein und sie werden für Ihren Hund zur Selbstverständlichkeit. Der Hund kann sich immer wieder ein Lob von Ihnen abholen, wenn er sofort herkommt, ruhig sitzen bleibt und so weiter. Ein wohlwollender Blick, ein Lächeln und eine lobende Stimme sind Lohn genug.

Wenn der Hund nicht folgt

Das Einfordern von Folgsamkeit macht eine gewisse Konsequenz erforderlich. Das Bestreben der Erziehung und des Gehorsamstrainings ist es natürlich, jede Strafe zu vermeiden. Der Hund lernt richtiges (von uns gewünschtes) Verhalten durch Wiederholung und Übung. Letzten Endes ist es aber doch notwendig, bei Nichtbeachtung der Kommandos auch eine Konsequenz folgen zu lassen. Natürlich kommt es auf die Situation an, wie dem Hund das Missfallen des Hundehalters wirkungsvoll deutlich gemacht werden kann. Eine Zurechtweisung soll der Wiederholung von Ungehorsam entgegenwirken.

Auch zu diesem Thema gehen die Meinungen sehr auseinander: Man wagt sich kaum zu schreiben »ich packe meinen Hund am Genick«. Genau so mache ich es aber − ein fester, zupackender Griff und scharfe Worte sind meine Reaktion, wenn mein Hund in einer wichtigen Situation nicht folgt. Die Zurechtweisung kann ganz sanft, aber auch ganz zornig ausfallen, je nachdem, wie sehr ich mich ärgern muss. Ich soll meine Autorität zwar nie zornig und willkürlich zum Ausdruck bringen, aber ich bin auch nur ein Mensch. Der Grad meiner Verärgerung darf meinem Hund schon bewusst werden. Oft genügen scharfe Worte und meine Hunde gehen brav bei Fuß und demonstrieren Einsicht, das ist in der Regel genug Bestrafung.

Bei den sensiblen Vizslas genügen oft aber schon allein ein böser Blick oder ein scharfes Wort. Der Hund erkennt schon am Tonfall, ob etwas nicht passt oder alles in Ordnung ist. Die Verständigung mit leisen Tönen setzt aber eine gute Erziehung mit viel Konsequenz voraus. Je besser ein Hund erzogen ist, umso seltener muss eine Bestrafung erfolgen. Bei einem gut eingespielten Mensch-Hund-Team braucht es eigentlich keine Bestrafung mehr.

Das Führen an der Leine

Beginnen Sie schon beim Welpen mit der Gewöhnung an die Leine. Legen Sie dem Welpen das Halsband mit der Leine an und machen Sie ihn mit dem »Angehängtsein« vertraut, indem Sie einfach einige Minuten stehen bleiben oder wenige Schritte gehen. Der Hund soll sich nicht erschrecken, sondern spielerisch neue Erfahrungen machen. Geht der kleine Hund wenige Schritte schön mit, muss er natürlich gelobt werden. Vielleicht bekommt er sogar eine Belohnung. Die Übungen dürfen nur ganz kurz sein und sollten dem Hund Spaß machen.

Lehren Sie den Welpen, locker neben Ihnen zu gehen, indem Sie einfach öfters die Richtung wech-

seln oder stehen bleiben. Er soll lernen, dass er auf Sie achtet und nicht an der Leine zieht. Bleiben Sie immer ruhig und gelassen, damit der Hund keine negativen Eindrücke mit dem Anleinen verbindet. Verwenden Sie das Wort, das Sie sich für das schöne Mitgehen ausgedacht haben, vielleicht »bei Fuß«.

Kann der Hund schön an der Leine »bei Fuß« gehen, darf die Übung beim älteren Hund auch

»Bei Fuß« ohne Leine geht auch mit zwei Hunden.

ohne Leine eingeübt werden.

Ihr Hund soll von Anfang an lernen, ohne Zug an der Leine zu gehen. Lassen Sie die Leine immer locker durchhängen, denn Zug bewirkt Gegenzug. Zieht der Hund an der Leine, bleiben Sie einfach stehen und gehen erst weiter, wenn die Leine wieder locker durchhängt oder der Hund seine Position neben Ihnen wieder eingenommen hat.

Gute Leinenführigkeit ist keine Zauberei.

Der Hund im Gasthaus

Bei einem Spaziergang bin ich einmal mit entgegenkommenden Ehepaaren ins Gespräch gekommen. Sie bewunderten meine Hunde und erzählten von einem Magyar Vizsla, der im Gasthaus alles durcheinander gebracht und sich sehr ungezogen aufgeführt hätte. Sie waren deshalb der Meinung, Vizslas seien ganz unruhige Hunde, schwer zu erziehen und eigenwillig.

Meine beiden Hunde kamen auf Zuruf sofort zu mir und gingen bei Fuß, was diese Personen so verblüffte, dass sie mich über diese Rasse ausfragten. Ich konnte ihnen versichern, dass es vermutlich lediglich an der Erziehung der Hunde liegt, wie sie sich benehmen und dass leider Vorurteile über den Magyar Vizsla durch solche Erfahrungen aufgebaut werden.

Ich besuche gerne Gasthäuser und mache meine Hunde von klein auf damit vertraut. Es ist keine Zauberei, wenn die Hunde die ganze Aufenthaltszeit ruhig liegen bleiben, es muss nur so eingeführt werden.

Ich nehme eine Hundedecke mit, lege sie an einen geeigneten Platz unter oder neben dem Tisch und weise die Hunde an, sich darauf zu legen. Das war es dann schon. Das Wichtige dabei ist natürlich, dass sie da liegen bleiben, was immer auch geschieht. Zur

Alles eine Erziehungsfrage: Ein Vizsla kann bestens lernen, sich beim Aufenthalt in einem Gasthaus ruhig hinzulegen und zu entspannen. Die weiche Hundedecke ist immer dabei.

Eingewöhnung halte ich die Leine fest, daran kann ich sofort bemerken, wenn ein Hund aufsteht. Es kommt dann lediglich ein »Platz« von mir und es wird überwacht, dass der Hund sich hinlegt. Ganz gleich, ob ein anderer Hund kommt oder ein leckeres Essen, der Hund wird nicht beachtet und bleibt auf seinem Platz, bis ich das Lokal verlasse. Der Hund braucht keine Streicheleinheiten, kein Wasserle, kein Futter und so weiter. Meine Tischgesellschaft bitte ich, die Hunde ebenfalls nicht zu beachten und in Ruhe schlafen zu lassen. So ist es für den Hund nach wenigen Gasthausbesuchen so selbstverständlich, dass im Wirtshaus nichts anderes angesagt ist, als unter dem Tisch zu liegen, bis die Runde aufgehoben und das Lokal verlassen wird.

Hier sind wir sofort wieder bei der Konsequenz: Für den Hund gibt es im Gasthaus nichts zu fressen und auch nichts zu trinken, es darf hier nicht von menschlichen Bedürfnissen abgeleitet werden. Wartet der Hund auf abfallende Bissen und wird er angesprochen und gestreichelt, wird er sich unruhig verhalten, vielleicht sogar bellen und fordern – das verursacht dann aber nicht ein frecher Hund, sondern der unvernünftige Besitzer.

In freundlichen Gasthäusern ist man bemüht, den Hund zu beach-

ten und bringt ihm sogar eine Schüssel mit Wasser, das ist gut gemeint und stört den Aufenthalt nicht, Hauptsache, der Hund bleibt ruhig auf seinem Platz.

Das Jagdverhalten des Magyar Vizslas

Eine häufig gestellte Frage ist, ob der Magyar Vizsla im Wald denn jagt.

Zunächst einmal gilt: Jeder Hund macht Dummheiten im Wald, wenn er nicht ständig unter Kontrolle seines Herrn ist. Hunderassen, die für ihr Leben gerne ausbüchsen wie zum Beispiel der Beagle und Jagdhunde, die für ihr Leben gerne jagen wie der Deutsch Drahthaar, sind schwer zu kontrollieren. Es gibt also durchaus Hunderassen, von denen abzuraten ist, wenn man einen angenehmen Begleit- und Familienhund sucht.

Der Magyar Vizsla zählt nicht zu diesen schwierigen Hunderassen mit schwer zu beherrschendem Jagdtrieb.

Ein Vizsla ist sehr auf seinen Mensch fixiert und geht normalerweise nicht weit von ihm weg, somit neigt er auch nicht zum Wildern in dem Sinne, dass er sich weit entfernt, um Wild zu verfolgen. Die Veranlagung des Magyar Vizslas ist damit schon einmal von Natur aus günstig.

Ich lasse meine Hunde vom Welpenalter an frei laufen, wenn

kein Straßenverkehr in der Nähe ist. Dabei lehre ich sie, sich nicht über einen bestimmten Radius hinaus von mir zu entfernen. Dieser Radius sollte so bemessen sein, dass ich die Hunde jederzeit zurückrufen und das Gelände einsehen kann. Er ist somit im Wald oder im Maisfeld wesentlich kleiner als auf der Wiese. Kommen Spaziergänger entgegen oder vor uns liegt eine unübersichtliche Wegbiegung, rufe ich die Hunde näher zu mir. Ich verkleinere somit den Radius oder rufe die Hunde ganz zu mir. Dabei spielen sich mit der Zeit brauchbare Kommandos ein wie zum Beispiel ein leises Pfeifen für »Warten, nicht weiter weg laufen« oder das Kommando »Dableiben«, wenn die Hunde in kürzerer Reichweite bleiben sollen oder »Fuß«, wenn sie neben mir gehen sollen. Auf das Kommando »Hierher« kommen die Hunde ganz zu mir und setzen sich hin, damit ich sie anleinen kann.

Hunde entwickeln schnell ein Verständnis für Regeln und sind dann empfänglicher für Kommandos zur richtigen Zeit. Dieser Zeitpunkt sollte nicht übersehen werden, sonst übernimmt der Hund die Führung und agiert nach seinen Wünschen. Dann muss mein Kommando entsprechend fordernder ausfallen, aber Hauptsache es wird gegeben und umgesetzt.

Es hängt also in erster Linie von Ihrer Aufmerksamkeit ab, ob es gelingt, den Hund in der freien Natur sozusagen an der unsichtbaren Leine zu führen. Haben Sie diese unsichtbare Leine erst einmal zwischen sich etabliert, ist auch die Nähe von Wild kein Problem. Der Vizsla mit seinen feinen Sinnen bemerkt das Wild natürlich schnell. Meine Hunde werden dann aufmerksamer, schneller oder stehen vor. Ich verkleinere dann den Radius und verlange, dass die Hunde bei mir bleiben oder leine sie an.

Die Hunde wissen, dass Wild respektiert werden muss und sie sich zurücknehmen müssen. Gerne übe ich das immer wieder einmal an einem Weiher mit schwimmenden Enten: Die Hunde werden angeleint, wir gehen langsam an den Enten vorbei und scheuchen sie nicht auf. Ich spreche dabei ruhig mit den Hunden, um ihnen zu verdeutlichen, dass Gelassenheit angesagt ist und die Enten tabu sind. Auch wenn einmal in der Schonzeit Rehe sichtbar auf dem Feld stehen sollten, nutzen Sie die Gelegenheit, einfach mit angeleintem Hund und ohne Aufhebens ruhig weiter zu gehen. Der Hund verinnerlicht diese Verhalten schnell und weiß genau, dass Wild tabu ist.

Natürlich scheucht der Hund Enten am Wegrand auf, wenn Sie nicht aufpassen, aber er muss auch

sofort abgerufen werden können. Der Hund ist sich des Fehlverhaltens bewusst, rechnet aber mit Ihrem Kommando. Folgt der Hund dann sofort, ist das völlig in Ordnung. Zum Heiligen können Sie Ihren Hund nicht machen. Wichtig ist, dass Ihr Kommando zuverlässig kommt und der Hund auch hier seine klaren Regeln kennt.

Der Magyar Vizsla zeigt kein Interesse an dem Wildtier an sich. Es ist vermutlich lediglich das Aufspringen, Hochflattern und Davonlaufen, was den Hund, wie übrigens auch jeden anderen Hund, fasziniert. Bei meinen beiden Hunden ist es jedenfalls so. Es ist genau wie mit der Katze, die immer flüchtet und den Hund niemals an sich heranlässt – sie bleibt ein zu jagendes Objekt. Kennen sich Hund und Katze, dann ist plötzlich Schluss mit dem Missverständnis.

Ein Reh lässt sich nicht beschnuppern und erforschen, es flüchtet so faszinierend, dass der Hund nachsetzt, wenn er in nächster Nähe mit diesem Tier konfrontiert wird. Es lässt sich nicht immer vermeiden, dass ein Hase oder ein Reh den Weg kreuzt und der Hund nachspurtet. Hier zeigt sich die Folgsamkeit des Hundes, wenn er sofort zurückgerufen werden kann. Es passiert schon einmal, dass ich schreiend und mit den Armen fuchtelnd am Wegrand stehe, um den Hund zurück-

zurufen und sehe dabei vermutlich aus wie Rumpelstilzchen. Es gelingt aber immer, der Hund lässt von seinem Verfolgungsspiel ab und kommt zurück. Der Zeitraum, in dem der Hund vom Wildtier ablässt und umkehrt, liegt bei höchstens fünf bis zehn Sekunden. Fünf Sekunden sind lang für ein Reh oder einen Hasen. Natürlich hängt es von mir ab, dass ich den Hund immer unter Kontrolle habe und es sofort bemerke, wenn ein Wildtier in Bedrängnis kommt. Passiert so ein seltener Vorfall und kommt der Hund brav zurückgelaufen, lobe ich natürlich nicht, denn das könnte zu Missverständnissen führen. Ich schimpfe auch nicht wirklich, gebe aber mein Missfallen zum Ausdruck, indem ich »bei Fuß« gehen lasse und einige ernste Worte spreche. Meine Hunde wissen genau, was Sache ist.

Jeder Hund ist in erster Linie ein Hund. Es wurden spezielle Eigenschaften in den einzelnen Hunderassen herausgezüchtet. Diese Eigenschaft des Jagdhundes wurde auch beim Magyar Vizsla selektiert und gefördert. Dennoch bleibt der Vizsla ein ganz normaler Hund, der sich in der freien Wildbahn durch Jagen und Töten ernähren müsste, wie jeder andere Hund auch. Durch die Haltung bei den Menschen werden diese

Eigenschaften des Raubtieres zurückgedrängt, die Anlagen zum Stöbern und Verfolgen werden mehr und mehr verwischt.

Diese Tatsachen verleiten Züchter von sogenannten Jagdhunden dazu, diese Hunde immer nur in jagdliche Führung abzugeben, damit die Anlagen immer frisch bleiben, und wenn möglich dann die besten Hunde aus der jagdlichen Praxis zur Weiterzucht herangezogen werden können.

Die zunehmende Verbreitung der Rasse Magyar Vizsla als Familienhund wird also dazu führen, dass die züchterische Selektion zum reinen Jagdhund verhindert wird, aber auch eine Veränderung der wunderbaren Rasse zum wildscharfen Jagdhund unterbleibt.

Diese Veränderung ist aus Sicht des Hundefreundes außerhalb der jagdlichen Szene eher erwünscht und keinesfalls als Nachteil zu sehen.

Die Jagd ist in unserem Land in erster Linie zu einem Sport und zur Freizeitgestaltung geworden. Nur wenige Jäger betreiben diese Passion noch hauptberuflich und benötigen täglich einen Jagdbegleithund. Es kann auch kein Exklusivrecht auf eine Hunderasse von einer Bevölkerungsgruppe erhoben werden.

Ein Hund ist kein Statussymbol, die Saujagd wird nur wenige Tage im Jahr durchgeführt und auf Wasservögel wird nur zu bestimmten Jahreszeiten gejagt – ein Hund aber lebt jeden Tag und hat ein Recht auf ein glückliches Leben. Es wird gerne herausgestellt, dass es für einen Jagdhund das höchste ist, wenn er seinen Herrn begleiten und Wild apportieren kann. Das ist sicher unbestritten, wenn dieses Glück für den Hund aber nur zur Jagdsaison zutrifft, dann muss über die Haltung dieses »Jagdhundes« ernsthaft nachgedacht werden, noch dazu, wenn er sein Leben im Zwinger fristen muss.

Aktivitäten mit dem Magyar Vizsla

Ich schrieb bereits ganz zu Beginn des Buches, dass viele Vizsla-Besitzer sich falsche Vorstellungen von der Notwendigkeit zur Beschäftigung ihres Hundes machen und sich dies letzten Endes ungewollt sogar negativ auf das Verhalten des Hundes auswirken kann. »Zuviel des Guten« kann auch hier schaden und den Hund zum Nervenbündel heranziehen, das in ständiger Erwartung der nächsten Aktion lebt und gar keine Ruhe mehr findet. Wie so oft im Leben gilt es deshalb auch hier, den richtigen Mittelweg zwischen Unter- und Überforderung zu finden. Einige Vorschläge zu sinnvollen Aktivitäten mit dem Vizsla finden Sie auf den folgenden Seiten.

Das Laufen am Fahrrad

Es ist eine feine Sache, wenn Ihr Hund Sie beim Radfahren begleiten kann. Ein ausgewachsener Vizsla wird nicht überfordert, wenn in gemäßigtem Tempo gefahren wird. Natürlich soll der Hund frei, nicht angeleint in Wald und Flur begleiten dürfen. Der sehr neugierige Hund hat dann nicht so viel Zeit, vom Weg abzuschweifen, denn er ist gut damit beschäftigt, dem Rad zu folgen. Kurze Schlenker und Schnüffelpausen werden vom Hund schnell wieder aufgeholt. Ist der Hund auch gelegentlich vor dem Rad und läuft voraus, kann davon ausgegangen werden, dass nicht zu schnell gefahren wird. Das Fahrrad fordert den Hund in der gleichen Zeit natürlich mehr als ein Spaziergang.

Ein Fahrrad mit einem Hundebügel ermöglicht ein sicheres Mitführen des Hundes im Straßenverkehr. Der Hundebügel ist gefedert und somit etwas elastisch. Zum Anleinen wird ein Seil mit Karabiner mitgeliefert, das die richtige Länge zum Anbinden vorgibt, nämlich relativ kurz. Eine normale Hundeleine ist dafür nicht geeignet, außer man verkürzt sie auf die sinnvolle Länge. Bei einer zu langen Anbindung würde der Hund zu viel Schwung entwickeln, wenn Missverständnisse über die einzuschlagende Richtung entstehen und zu kräftig am Rad ziehen, au-

ßerdem besteht dann die Gefahr, dass der Hund in die Speichen des Rades kommt.

Angeleint am Fahrrad muss besondere Rücksicht auf den Hund genommen werden. Vor allem auf Asphaltbelag ist ein zu langes oder zu schnelles Laufen unzuträglich für jeden Hund, die Pfoten würden zu sehr strapaziert auf dem harten und rauen Asphalt. Man könnte einen Hund mit dem Zwang, dem Rad über seine Kräfte hinaus zu folgen, sogar töten. In der Verpackung des Hundebügels wird eigens darauf hingewiesen,

Für das Laufen am Fahrrad gibt es spezielle Hundebügel zu kaufen.

dass ein Hund am Fahrrad leicht überfordert werden kann. Es ist also nicht sinnvoll, den täglichen Freilauf mit dem Fahrrad in der Stadt durchzuführen. Der begleitende Hund muss Gelegenheit haben, das Tempo selbst zu bestimmen.

Das Laufen am Fahrrad soll mit Augenmaß durchgeführt werden. Es ist Sorge zu tragen, dass es ein Vergnügen für den Hund ist. Ein junger Hund darf nicht mit einem so großen Laufpensum belastet werden. Darum soll vom Mitführen junger Hunde am Rad generell abgesehen werden. Der Hund muss ausgewachsen und gesund sein.

Ich selbst habe meinen Hund an das Fahrrad gewöhnt, indem ich das Rad zuerst nur geschoben habe. Ganz schnell war die Situation für meine Lila klar und ich konnte aufsteigen und langsam mit dem Fahren beginnen. Meiner Lila hat es sofort Spaß gemacht, sie beteiligte sich gerne auch als Hilfsmotor. Diese Angewohnheit, sich gelegentlich ins Zeug zu legen, um das Rad schneller zu machen, habe ich toleriert. Lila trägt am Rad immer ein Geschirr, damit sie keinen Zug am Hals bekommt. Wir fahren ohnehin nur kurze Strecken, bis die Gefahren des Straßenverkehrs hinter uns sind. Sobald wie möglich leine ich den Hund ab und lasse ihn frei laufend folgen.

Suchspiele

Suchspiele sind für den Hund ein Ersatz seines natürlichen Verhaltens. In der Natur übt der Hund das Anpirschen, Suchen, Apportieren, Hetzen und Jagen. In Spielen mit seinem Besitzer darf der Hund diese Verhaltensweisen ausleben. Das Spielen sollte einen festen Platz im Tagesablauf haben. Es finden sich immer Gelegenheiten, die Grundbedürfnisse des Hundes spielerisch zu befriedigen. Ein Spielzeug, das ins Wasser geworfen wird, damit es der Hund apportieren kann, das Zerrspiel mit einem Spielzeug oder das Verstecken von Gegenständen sind leicht in den Alltag einzubauende Freuden für den Hund und seinen Besitzer.

Bei sehr schlechtem Wetter, wenn der Spaziergang einmal ausfallen muss, inszeniere ich für meine Vizslas gerne Suchspiele im Garten. Dazu benutze ich ein Stückchen Wurst oder Käse und lege eine Spur, mal schwieriger, mal einfacher. Die Hunde müssen in der Küche warten, damit sie mich beim Spurenlegen nicht beobachten können. Am Ende der Spur lege ich die Belohnung ab und gehe auf der gleichen Spur wieder zurück ins Haus. Der erste Hund darf dann alleine der Spur folgen und die Belohnung suchen. Für den zweiten Hund verfahre ich genauso, nur wähle ich einen anderen Weg aus dem Haus, da-

mit sich die Spuren nicht überschneiden und der zweite Hund die gleichen Bedingungen hat. Das macht den Hunden sehr viel Spaß und lässt keine Langeweile aufkommen. Haben beide Hunde ihre Häppchen gefunden, dürfen sie gemeinsam in den Garten, um alles noch einmal genau zu untersuchen und sicherzustellen, dass kein Würstchen übersehen wurde.

Beim Spurensuchen macht der Hund anfangs den Fehler, dass er der Spur ungestüm nachjagt und sie dadurch verliert. Es ist daher sinnvoll, das sichere Spurensuchen zunächst an der Leine zu üben.

Ich richte mir dazu ein Säckchen mit Wurst oder Käse her, lege dem Hund die lange Suchleine an und lasse ihn abliegen. Der Hund darf zusehen, wo ich das Säcken verstecke. Ich gehe auf der gleichen Spur zurück und stelle mich hinter den Hund, nehme die lange Suchleine auf und lasse den Hund mit der Aufforderung »such« auf der Spur suchen. Er wird das Säckchen natürlich leicht finden. Durch das Suchen an der Leine wird der Hund zum konzentrierten Suchen auf der Spur angehalten und gewöhnt sich so an das ordentliche Suchen. Dann kann die Entfernung gesteigert und das Säckchen an einer nicht einsehbaren Stelle abgelegt werden. Nach solchen Suchübungen können Sie feststellen, dass der Hund im Garten ohne Suchleine auch zielsicherer auf der gelegten Spur suchen wird.

Natürlich können für die Suche auch ein Spielzeug oder ein persönlicher Gegenstand des Hundebesitzers verwendet werden, es muss keine essbare Leckerei sein. In allen Suchlehrgängen werden aber Leckerli verwendet, darum habe ich es hier auch so geschildert.

Möchten Sie ein professionelles Suchen trainieren, wenden Sie sich an Suchhundeteams oder Hundeschulen und lernen Sie die Übungen nach den Vorgaben der Ausbilder.

Suchen Sie aber nur zum Spaß für sich und den Hund, ist alles erlaubt, was Freude macht. Die Möglichkeiten sind unbegrenzt, Ihrer Fantasie werden keine Grenzen gesetzt.

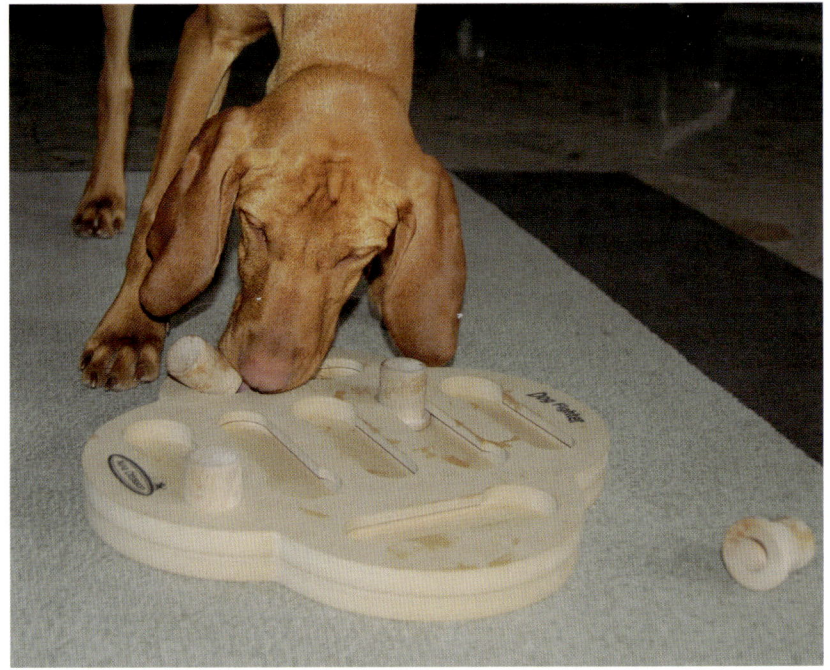

Oben: Auch die Industrie hat erkannt, dass Hunde gerne spielen und bietet hochwertige Spiele an. Arnold macht die Futtersuche im interaktiven Holzspielzeug großen Spaß.

Unten: Janosch möchte den Maiskolben gleich haben. Er wird aber vorher versteckt.

Die Rettungshundestaffel

Eine sehr aufwändige, aber auch schone Aufgabe für einen Magyar Vizsla ist die Arbeit als Rettungshund bei einer Rettungshundestaffel. Auch hier kann er seine gute Jagdhundenase einsetzen. Der Zeitaufwand für den Hundebesitzer ist ausgesprochen hoch, da bei der Ausbildung ein umfassendes Training, in der Regel zwei Mal wöchentlich über mehrere Stunden, verlangt wird.

In der Personensuche ist zwischen den Sparten Mantrailing und Flächensuche zu unterscheiden:

Beim Mantrailing verfolgt der Hund an einer langen Leine die Geruchsspur eines bestimmten Menschen im Gelände oder in Gebäuden. Es muss ein Ausgangspunkt vorgegeben sein, von dem aus der Hund einen Geruch verfolgen kann, der ihm vom Hundeführer anhand eines Musters (z. B. ein persönlicher Gegenstand der gesuchten Person) gezeigt wird. Der Hund wird darauf trainiert, einen bestimmten menschlichen Geruch zu erkennen, ihn von anderen menschlichen Gerüchen zu unterscheiden und trotz vieler Ablenkungen den Geruchsmerkmalen der gesuchten Person zu folgen.

Bei der Flächensuche sucht der Hund mit seinem Hundeführer ein zugewiesenes Gelände ab. Der Hund läuft ohne Leine und versucht, eine menschliche Witterung aufzunehmen, die er dann über weite Strecken verfolgt. Er zeigt den Gefundenen durch Bellen oder den sogenannten Bringselverweis an und lotst seinen Hundeführer damit zum Fundort.

Interessierte Hundebesitzer können sich ein Bild von der Rettungshundearbeit machen, indem sie an Schnuppertrainingseinheiten teilnehmen. Wer sich dann entschließt, mit seinem Hund die Ausbildung zu machen, muss eine etwa sechsmonatige Probezeit durchlaufen und eine Anwartschaft erwerben, für die der Hund auf Verträglichkeit mit anderen Hunden, auf seine Reaktion auf optische und akustische Umwelteinflüsse, seinen Spieltrieb und auf sein Verhalten gegenüber Fremdpersonen getestet wird.

Nach Bestehen dieses Testes und auch nach sonstiger Eignung des Hundes und des Hundeführers kann die offizielle Aufnahme in die Staffel erfolgen.

Auch der Hundeführer muss sich weiterbilden, und zwar in folgenden Bereichen:

- Sanitätsausbildung
- Erste Hilfe für den Hund
- Kenntnisse in Kynologie
- Funkausbildung nach BOS (BOS-Funk ist der nichtöffentliche Funkdienst der Behörden und Organisationen mit Sicherheitsaufgaben)
- Training in Karten- und Kompasskunde
- Trümmerkunde
- Diverse Technikausbildungen und sonstige Fortbildungen, je nach Hundestaffel.

Der Hund sollte eine BH-Prüfung (Begleithunde-Prüfung) absolvieren. Das Training findet bei den meisten Staffeln zwei Mal pro Woche statt. Damit der Hund sich nicht an eine Örtlichkeit gewöhnt, wird das Trainingsgelände regelmäßig gewechselt. Es werden Schrottplätze, Kiesgruben, Schutthalden, Ruinen usw. für die Übungen genutzt, was oft mit weiten Anfahrtswegen verbunden ist. Auch zuhause darf dann fleißig geübt werden.

Voraussetzungen für einen künftigen Rettungshund sind, dass er absolut gesund ist, eine gute Nasenveranlagung hat, unter Belastung arbeiten kann, temperamentvoll und lernbegierig ist, einen ausgeprägten Spieltrieb besitzt sowie ein sehr gutes Sozialverhalten gegenüber seinen Artgenossen und zu Menschen zeigt. Alle diese Voraussetzungen bringt ein Magyar Vizsla in idealer Weise mit.

Im Laufe der Ausbildung soll der Hund lernen, Freude und Motivation am Anzeigen (Verbellen, Bringseln oder Freiverweis) aufzubauen. Ein Bringsel ist ein Gegenstand, den der Hund zum Hundeführer bringt, wenn er die vermisste Person gefunden hat. Das Bringsel wird mit einer Schur am Hund befestigt, sodass er es ins Maul nehmen kann, sobald er fündig geworden ist. Der Hund führt dann den Hundeführer zum Vermissten. Beim Freiverweis kommt der Hund ohne Bringsel zum Hundeführer zurück, gibt ihm zu erkennen, dass er die Person gefunden hat und führt dann seinen Hundeführer zum Vermissten. Neben den Übungen zur Anzeige wird die Suche in Flächen und Trümmern geübt, Unterordnung und Gerätetraining dürfen ebenfalls nicht zu kurz kommen.

In der Regel beträgt die durchschnittliche Ausbildungszeit bis zur ersten Flächenprüfung etwa zwei Jahre. Danach muss die Prüfung alle achtzehn Monate wiederholt und bestanden werden, erst dann ist ein Team einsatzfähig. Die Prüfung beinhaltet einen theoretischen Teil, Anzeigeübungen, eine Unterordnungsprüfung und die Flächensuche. Mit der zweiten Flächenprüfung kann dann auch die erste Trümmerprüfung abgelegt werden. Es ist also ein sehr langer Weg bis zum Einsatz in der Rettungshundestaffel!

Arnold bei der Rettungshundestaffel – ein Erfahrungsbericht
Von Beate Trochim

Im ersten Schritt seiner Ausbildung zum künftigen Rettungshund lernte der einjährige Magyar Vizsla Rüde Arnold, für den mit Käse gefüllten Futtersack zu bellen. Er verstand sehr schnell, dass es immer nur dann etwas gab, wenn er ordentlich bellte.

Danach folgte die Kurzanzeige mit Anreizen. Das bedeutet, dass ein Helfer den Futterbeutel in der Hand hielt und den Hund damit »anreizte« – er ließ den Hund riechen, schnüffelte selbst, tat so, als würde er selbst davon naschen und so weiter. Dann lief der Helfer ein kurzes Stück weg und lockte vielleicht auch noch mit der Stimme. Der Hund sollte dann triebig zum Helfer laufen und verbellen. Diese Übungsform wurde kontinuierlich gesteigert, indem der Hund immer weniger angereizt wurde, der Helfer weiter weg lief, sich versteckte und nicht mehr lockte. Auch beim Anzeigen durfte der Hund sich nun nicht mehr ablenken lassen, die Situationen am Helfer/Opfer wurden schwieriger für ihn gestaltet. So konnte zum Beispiel der Fundort schlecht zugänglich sein, der Hund konnte dort nicht richtig stehen oder es mussten mehrere Personen zur Anzeige gebracht werden. Viele Hunde bellen in diesem Fall nicht oder lassen sich irritieren. Durch viel Übung soll der Hund befähigt werden, sich nicht ablenken zu lassen und seine Aufgabe, die Person zu finden, unbeirrt durchzuführen und dann vor allem solange zu bellen, bis Hilfe eingetroffen ist.

Als Arnold diese Ausbildungsschritte gut absolviert hatte, wurde mit der richtigen Flächensuche begonnen.

Frauchen und Hund bekamen von den Ausbildern ein Gebiet zugeteilt, in dem sie suchen sollen. Sie bekamen Hinweise auf bestimmte Gegebenheiten und die Anzahl der zu suchenden Personen. Arnold wurde mit dem Kommando »Such und Hilf!«zur Suche angesetzt (so heißt das in der Fachsprache) und wusste dann genau, dass sich irgendwo jemand mit seinem Käse versteckt hielt! Sein angeborener (Jagd)Trieb wurde also erfolgreich auf den gefüllten Futterbeutel umgelenkt. Hatte er die zu suchende Person gefunden, verbellte er eifrig und anhaltend und bedrängte die Person niemals.

Eine Spezialität von Arnold ist, dem Opfer stets einen nassen Hundekuss quer übers Gesicht zu geben, wenn die Anzeige beendet ist und er seine Futter- und Spielbestätigung bekommen hat. Das passiert immer wieder und lässt sich nicht vermeiden. Damit möchte er wohl zum Ausdruck bringen, dass es ihm richtig Spaß gemacht hat!

Die ersten Trainingswochen für Arnold waren im Dezember und kein Zuckerschlecken, denn ein Vizsla hat ein kurzes Fell mit wenig Unterwolle. Wenn er im Auto auf seinen Einsatz warten musste, wurde es oft empfindlich kalt - darum kaufte ihm sein Frauchen ein Akkuheizkissen, auf das er sich wohlig kuscheln konnte. Das führte bei den Staffelkollegen erst einmal zum Schmunzeln, aber bald war das kleine freie Plätzchen im Kofferraum neben Arnold allseits beliebt und begehrt.

Was Arnold auch von den anderen Hunden unterscheidet, ist die Art, wie er bei der Suche durch den Wald hüpft. Hätte er die Kenndecke nicht an, verwechselt man ihn wegen der vielen Freudensprünge, die er dabei vollführt, leicht mit einem jungen Reh. Es ist seinem Frauchen schon passiert, dass sie vor Schreck erstarrte, als ein Reh in vierzig Metern Entfernung an ihr vorbei hopste und sie dachte, Arnold sei aus dem Auto ausgebüchst. Auf alle Fälle sorgt sein eleganter Laufstil immer wieder für Gesprächsstoff und brachte ihm den Spitznamen »Bambi« ein.

Der Magyar Vizsla als Therapiehund

Als ein besonders sensibler und freundlicher Hund eignet sich der Vizsla natürlich gut als Therapiehund. Diese Aufgabe wird allerdings oft unterschätzt und der Hund leicht mental überfordert. Die Ausbildung zum offiziell arbeitenden Therapiehund beginnt schon im Welpenalter und muss in fachkundiger Schulung erfolgen. Ein Therapiehund darf nur unter Führung eines ausgebildeten Therapeuten eingesetzt werden und dann auch nur maximal zwei Mal in der Woche für etwa zwei bis drei Stunden.

Es ist ausgesprochen anstrengend für einen Hund, sich geduldig von fremden Menschen, die eventuell eine Behinderung haben, anfassen zu lassen oder mit ihnen zu kommunizieren (Bällchen holen usw.). Der Hund würde psychisch darunter leiden, wenn er solche Einsätze zu oft oder erzwungen leisten muss.

Dem großen Laufbedürfnis des Hundes muss nebenbei immer Rechnung getragen werden. Es ist somit nicht getan, den Magyar Vizsla wegen seiner freundlichen und zugänglichen Wesensart, seinem weichen Fell und seiner Schönheit als Therapiehund auszuwählen, er muss auch seinen Anlagen gemäß gehalten werden. Es darf hier daran erinnert werden, dass es ruhigere und einfacher zu haltende Hunderassen gibt.

Die Befindlichkeit des Hundes und seine Stimmung durch seine gezeigten Signale müssen verstanden und berücksichtigt werden, damit der Hund nicht überfordert wird. Ein Hund darf nie gedrängt oder gezwungen werden. Eine Situation muss sofort abgebrochen werden, wenn sie für den Hund unangenehm ist.

Es ist also nicht damit getan, einen Hund zur therapeutischen Arbeit mitzunehmen und ihn dann als Therapiehund zu bezeichnen.

Natürlich kann auch mit einem nicht ausgebildeten Hund ehrenamtlich mitgeholfen werden, Kranken, Behinderten oder Kindern eine Freude zu machen. Es genügt, wenn der Hund anwesend ist und Abwechslung in den Alltag bringt. Vielleicht ist es möglich, dass der Hund mit Leckerli gefüttert wird oder vielleicht sogar ein kleines Kunststück macht, mehr muss nicht sein. Ein direkter Kontakt muss nicht stattfinden, der Hund darf nicht gestresst oder belästigt werden. Solche Besuche sollten auch nicht länger als vielleicht 15 bis 30 Minuten dauern und vom Pflegepersonal unterstützt und genehmigt sein. Das ist dann keine Therapie, sondern eine willkommene Bereicherung des Tagesablaufes und ein kleiner Kontakt zur Außenwelt. Sozusagen ein erfreulicher Hundebesuch.

Der Magyar Vizsla als Reitbegleithund

Der Vizsla ist von seiner engen Beziehung zu seinem Besitzer und von seiner Lauffreudigkeit her ein guter Reitbegleithund. Wie bei jedem anderen Hund kommt hier natürlich das Pferd als wichtiger Faktor zur Erziehung hinzu. Sozusagen, das Pferd für den Hund und der Hund für das Pferd. Verstehen sich beide gut und beherrschen Sie beide problemlos, steht dem Ausritt nichts im Wege.

Das ist natürlich leichter gesagt als getan. Nach meiner Erfahrung betrachtet der Hund den Menschen auf dem Pferd anders als den Menschen, der zu Fuß geht. Der Hund erlebt sozusagen auch das Pferd als Persönlichkeit und setzt sich möglicherweise leichter über Anweisungen seines Besitzers, der jetzt auf dem Pferd sitzt, hinweg.

Das muss also eingeübt werden und dem Hund klar vermittelt werden, dass er Ihnen genauso folgen muss, wenn Sie auf dem Pferd sitzen. Mir selbst ist es anfangs einige Male passiert, dass ich abgestiegen bin, um den Hund zurechtzuweisen. Ich habe nicht weiter darüber nachgedacht, aber im Nachhinein kann wohl gesagt werden, dass ich automatisch abgestiegen bin, um den gewohnten Sachverhalt herzustellen. Wie immer ist auch hier die Konsequenz entscheidend, dass der Hund den

Reiter genauso respektiert wie die gleiche Person als Fußgänger.

Der junge Hund hat selbstverständlich erst einmal großen Respekt vor dem Pferd und versucht, es von hinten her zu erkunden. Das könnte dann schon leicht gefährlich werden.

Gewöhnen Sie Ihren Hund an Pferde und fangen Sie bei einem braven Pferd an, das sich mit Hunden auskennt.

Es ist sinnvoll, den Hund an die Leine zu nehmen und ihn von vorne an das große Tier heranzuführen. Ein Hund ist schon in der Lage, sich einem Pferd von vorne zu nähern, wenn er mit dieser Tierart vertraut ist.

Ein Hund muss den Umgang mit Pferden als selbstverständlich empfinden und sich in ihrer Gegenwart sicher bewegen können. Ein Hund darf ein Pferd niemals jagen, in die Beine zwicken oder Ähnliches.

Meine Hündin war noch recht jung, als ich sie zum Reiterhof mitnahm. Sie wollte nicht mit dem Pferd mitgehen und blieb lieber beim Stall. Ich hatte den Eindruck, dass der junge Hund mit der Situation überfordert war und ließ ihn im Auto warten, das ich sicher im Schatten abgestellt hatte. Mit der Zeit machte die Hündin Anstalten, mitzulaufen und ich habe den ersten kurzen Ausritt mit ihr gewagt. Sie hat verstanden, dass es ähnlich wie beim Spazier-

gang abläuft und dass man gleich wieder zum Ausgangspunkt zurückkommt. Das war mir wichtig, denn ich hatte die Befürchtung, dass der Hund unterwegs Angst bekommen und zum Stall zurücklaufen könnte. Das ist nie passiert und bald wurde meine Hündin zur zuverlässigen Begleiterin.

Es ist heute modern, das Mitführen von Hunden vom Pferd aus mit der Leine zu trainieren. Ich als erfahrene Reiterin würde das niemals machen. Ein Pferd, auch das bravste, kann immer einmal scheuen und Hund und Pferd sich kopflos mit der Hundeleine verwickeln – das wäre für mich der absolute Albtraum. Ich habe in meiner langjährigen Zeit mit Pferden gelernt, alle nur erdenklichen Gefahren im Voraus zu vermeiden.

Jeder Reiter kennt das Gelände und es kann ein Weg gewählt werden, der keine Gefahren durch Straßenverkehr erwarten lässt.

Ich hatte zwar immer eine Hundeleine dabei, wenn es also notwendig wurde, den Hund anzuleinen, dann war ich mir nicht zu schade und bin abgestiegen, um beide Tiere sicher vom Boden aus zu führen.

So ist es nie zu einem unangenehmen Zwischenfall gekommen und wir konnten die Natur im Schritt, Trab und Galopp genießen. Der Magyar Vizsla wird beim Begleiten des Pferdes zum schnelleren Vorwärtskommen gezwungen, wobei er dann weniger Zeit zum Abschweifen vom Weg hat und der Reiter ihn so gut wie nie zurückrufen muss.

Ein unbeschlagenes Pferd ist natürlich von Vorteil, denn eine Hundepfote kommt doch, wenn auch selten einmal, unter den Huf, was dann einen deutlichen Unterschied macht. So ist eine natürliche Reitweise, fernab der Zivilisation, eine wunderbare Sache, noch dazu, wenn der eigene Hund begleitet.

Wegen seiner Lauffreudigkeit ist der Magyar Vizsla auch ein guter Reitbegleithund.

Hundeausstellungen

Die Teilnahme an einer Hundeausstellung ist eine interessante Erfahrung und macht durchaus Spaß. Auf den großen Ausstellungen nehmen Hunderte von Hunden teil. Auch ohne Teilnahme ist der Besuch einer Ausstellung für Hundefreunde lohnend. Man hat ansonsten selten Gelegenheit, so viele würdige Vertreter der verschiedensten Rassen bewundern zu können.

Die größten Hundeausstellungen werden vom VDH (Verband für das Deutsche Hundewesen) durchgeführt. An diesen Ausstellungen dürfen Magyar Vizslas mit Papieren des VUV (Verein Ungarischer Vorstehhunde) oder der FCI (Fédération Cynologique Internationale) teilnehmen, auch wenn die Besitzer keine Jäger sind. Züchten kann man in beiden Verbänden aber nur als Jäger. Für Hunde in anderen Zuchtverbänden werden eigene Ausstellungen veranstaltet, die beim jeweiligen Verband angefragt werden können.

Für die Teilnahme sind eine rechtzeitige Meldung des Hundes und ein gültiger Impfpass notwendig. Kein Bewertungsrichter ist vollkommen, es hängt von seiner Einstellung, seinem Geschmack und der Tagesform des Hundes ab, wie bewertet wird. Jede Show ist somit anders und die Chancen sind jeweils unterschiedlich. Es ist ohnehin auf vielen Ausstellungen so geregelt, dass jeder Hund einen Pokal bekommt, auch wenn er nicht platziert wird. Die besten Hunde bekommen dann natürlich mehrere Pokale. Dabeisein und Fairness sind wichtig. Für jeden Hundebesitzer ist der eigene Hund der schönste Hund, diese Tatsache sollte immer bedacht werden.

Für den Züchter ist allerdings die Bewertung und Platzierung des Hundes von großer Bedeutung. Die Zuchtzulassung für die Zuchttiere und der Erfolg für die Vermarktung der Welpen hängen davon ab.

Die optimale Präsentation der Hunde sollte vorher geübt werden, damit auf der Veranstaltung ein guter Eindruck entsteht. Der Hund soll mit den ganzen Prozeduren vertraut sein, damit er in der fremden Umgebung mit den tausenderlei Einflüssen nicht alles verpatzt.

Zum Vorführen des Hundes ist eine spezielle Vorführleine hilfreich. Diese Leine ist Halsband und Führleine in einem Stück. Mit ihr lässt sich der Hund elegant vorführen. Der Umgang damit muss natürlich geübt werden, der Hund darf weder gewürgt noch hinterhergezerrt werden. Darum übt man das Laufen an der Vorführleine auf jeden Fall rechtzeitig zuhause.

Beim Vorführen der Hunde läuft der Hund immer im Trab (von den Pferden ausgeliehen), niemals im Galopp, der Hund soll sich auch nicht hinsetzen. Der Hund soll zügig, frei und raumgreifend neben dem Vorführer

herlaufen. Meine Hunde haben schnell gelernt, was von ihnen erwartet wird und spielen immer erfolgreich mit.

Eine wichtige Übung ist das korrekte Aufstellen des Hundes. Der Hund muss wissen, was Sie von ihm wollen, denn es ist ungewohnt, dass er ruhig stehen soll und sich auch noch korrigieren lassen muss, um dann in dieser Position zu verbleiben. Durch häufiges kurzes Üben ist es mir gelungen, dass der Hund begreift, was gewünscht wird. Ich verwende das Wort »bleib«, das ich auch im Ring laufend leise dem Hund sage.

Lernt mein Hund bei den Übungen, er soll bei »bleib« einfach ruhig verharren, dann kann auch die Korrektur der Füße usw. dazu gelernt werden. Hinterher ist dann ein dickes Lob fällig, aber erst, wenn Sie noch einige Runden an der Vorführleine schwungvoll gelaufen sind. Würde das Lob (es kann auch mal ein Wiener Würstchen sein) direkt nach dem ruhigen Stehen kommen, dann nimmt mein Hund die Freude vorweg und fängt an zu zappeln und zu wedeln, obwohl immer noch ruhige Präsentation angesagt ist. Das würde in der Show dann alles verpatzen. Darum geht es Schritt für Schritt – Vorführleine anlegen, (da freut der Hund sich schon) – dann an der Hand laufen – aufstellen – vielleicht eine Gebisskontrolle – dann wieder

Links: Üben Sie das Kontrollieren der Zähne schon vor der Ausstellung, am besten auch mit fremden Personen, damit der Hund sich dies später auch vom Zuchtrichter gefallen lässt.

Rechts: Auch das richtige Aufstellen für die Ausstellung muss in Ruhe zuhause geübt werden.

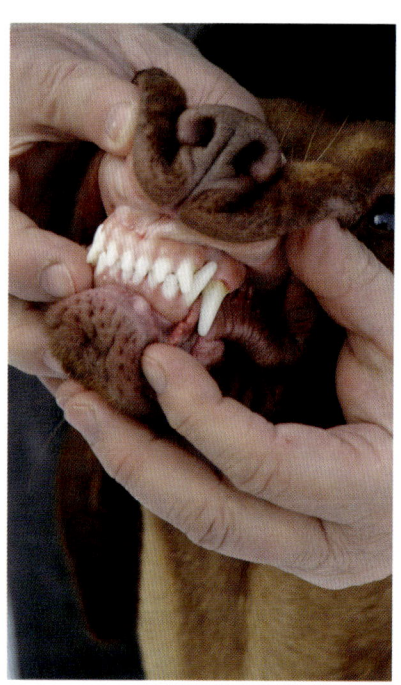

laufen – dann kommt die Belohnung. Der Ablauf wird immer wieder variiert, damit keine Festlegung auf bestimmte Abläufe eingeübt wird.

Üben Sie zuhause auch das Kontrollieren der Zähne, damit der Richter nicht mit dem zu bewertenden Hund um einen Blick ins Maul kämpfen muss. So ist es von großem Vorteil, wenn das Öffnen des Mauls auch von einer fremden Person vorher geübt wird. Der Richter kontrolliert die Zähne auf Vollzähligkeit und Stellung. Lässt sich der vorgeführte Hund brav ins Maul schauen, macht es einen sehr guten Eindruck und gibt eventuell Pluspunkte. Die Kontrolle der Zähne und deren Stellung gehört zu jeder Bewertung eines Hundes, ebenso wie die Kontrolle der Rute und der Hoden beim Rüden sowie auch das Abtasten des gesamten Hundes.

Im Vorführring ist der Hund von vielen fremden Hunden und Eindrücken umgeben und es ist sehr hilfreich, wenn der Hund gut trainiert ist, sonst wird es mit dem superguten Eindruck nichts werden. Die meisten Bewertungsrichter haben dafür aber großes Verständnis und bewerten den Hund unvoreingenommen.

Abgesehen vom Spaß für den Hundebesitzer ist es ein gutes Training für jeden Hund, sich an eine Umgebung mit vielen Hunden zu gewöhnen. Kann sich der Hund sicher in der Menge von Menschen und Hunden bewegen, hat er vieles für den Alltag gelernt. Freilich ist so ein Tag auf der Hundeausstellung anstrengend, es muss darauf geachtet werden, dass der Hund genug Bewegung und entspannenden Auslauf hat. Vor der Show auf die Hundewiese und in den Veranstaltungspausen kurz spazieren zu gehen tut Mensch und Hund gut.

Janosch mit seinen ersten Pokalen.

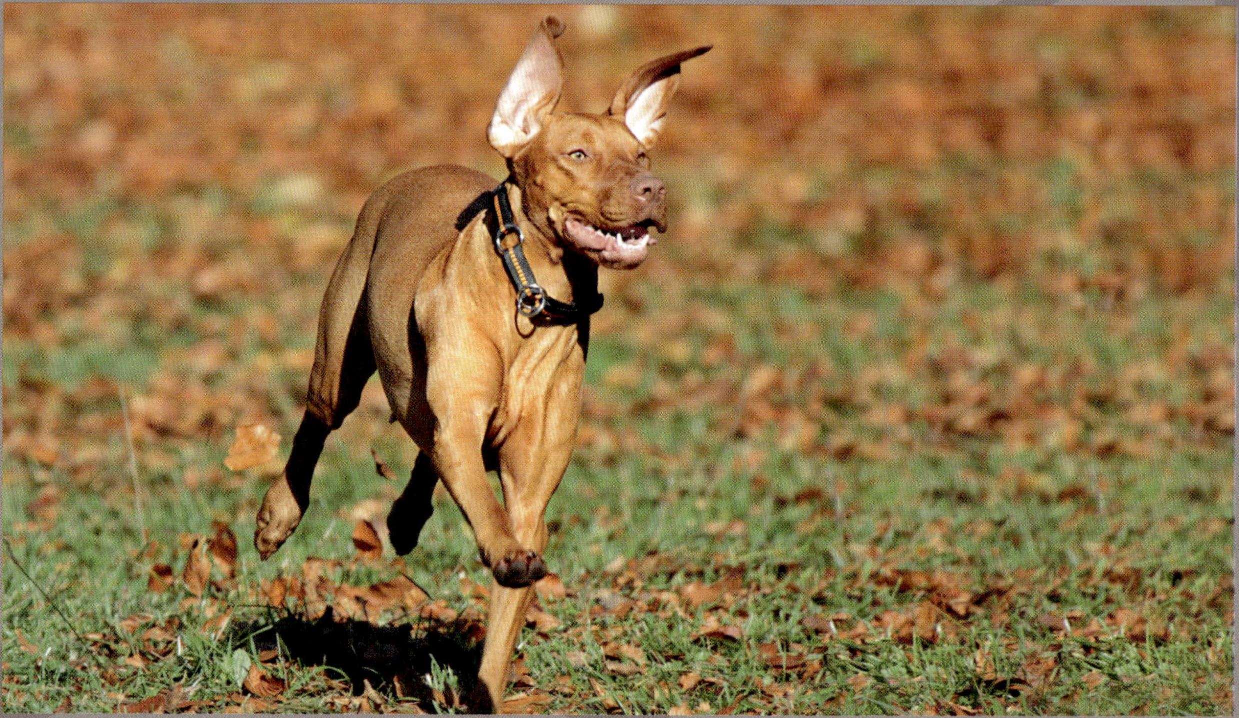

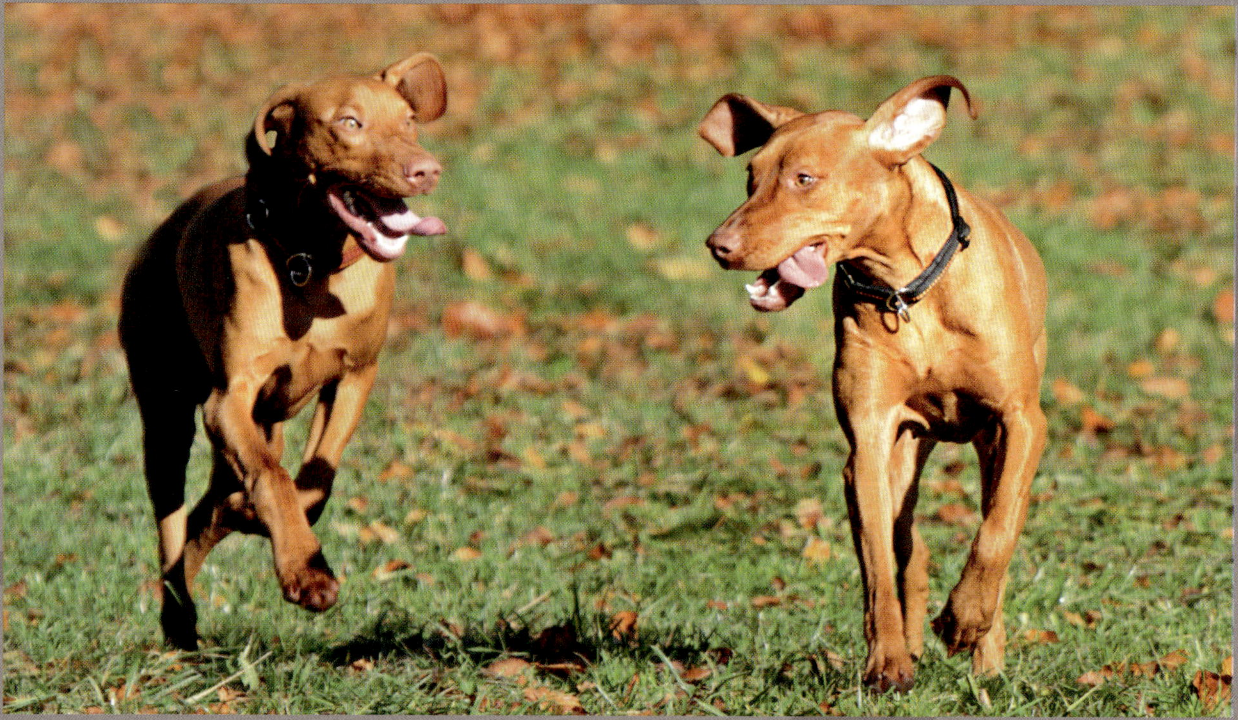

Typisch Magyar Vizsla

Zum Abschluss möchte ich Ihnen noch einige Geschichten und Begebenheiten präsentieren, die meiner Erfahrung nach wirklich »typisch Magyar Vizsla« sind. Vielleicht erkennen Sie Ihren eigenen Hund ja darin wieder, oder Sie machen sich eine bildhafte Vorstellung davon, worauf Sie sich mit einem Magyar Vizsla einlassen werden!

Auch »typisch Vizsla«: Das »zu große« Fell, das durch die weiche, elastische Haut an Hals und Rücken entsteht und vielen Menschen beim Erstkontakt als besonders kuschelig auffällt.

Lila und das Freudepinkeln

Meine Hündin Lila zeigte als Welpe ein unangenehmes Phänomen: Als typischer Vizsla mit der Neigung zur großer Freude hinterließ sie kleine Pfützchen oder zumindest Tröpfelchen bei jeder Begrüßung mit geliebten Menschen.

Zuerst war ich zuversichtlich und hoffte, dass diese Erscheinung bald von selbst verschwinden würde. Dem war aber nicht so. Lila war vollständig sauber, aber wenn Sie sich furchtbar freuen musste, verband sie diese Freude eben mit Pinkeln.

Ich musste erst eine Freundin um Rat fragen, um auf die einfache wie geniale Lösung zu kommen. Sie gab mir den Rat, die Begrüßung doch einfach ganz wegzulassen – den Hund beim Nachhausekommen also zu ignorieren. Ich sollte ihn nicht ansprechen und mich vor allem nicht zu ihm hinunterbücken, um ihn zu streicheln. Die Begrüßung sollte ich dann nach einigen Minuten nachholen, wenn der Hund meine Anwesenheit verinnerlicht und sich beruhigt hätte.

Und siehe da, der Spuk war vorbei.
So einfach ist das, wenn man weiß, wie. Alle Besucher wurden fortan gebeten, den Hund nicht zu beachten und ihn erst zu streicheln, wenn sie schon einige Minuten im Haus waren.

Es klappte – nach zwei Wochen war das Problem vergessen und alles konnte wieder normal ablaufen. Lila hatte das Pinkeln vergessen und konnte sich dennoch richtig freuen.

Diese Unart kann ein Hund beibehalten, wenn nicht gegengesteuert wird, darum ist es sehr wichtig, rechtzeitig einen Ausweg für jedes Problem zu suchen. Oft ist die einfachste Lösung auch die beste.

Als dann Lilas Sohn Janosch später die gleiche Unart praktizierte und einige Tröpfchen hinterließ, wenn er jemanden begrüßte, war Abhilfe schnell geschaffen. Dieses Problem hatte ich noch bei keinem Hund einer anderen Rasse und bin darum der Meinung, dass es »typisch Magyar Vizsla« ist.

Arnold und Columbus

Von Beate Trochim

An seinem Anspruch, ein vollwertiges Familienmitglied zu sein, ließ unser Vizsla von Anfang an keinen Zweifel. Munter investierte er in Freundlichkeit, schenkte Vertrauen, zeigte großes Interesse und Lernbegierigkeit und gewann im Handumdrehen unsere Zuneigung und Herzen und seinen festen Platz in der Familie.

Arnolds stabiler Charakter und die Ruhe und Gelassenheit, mit der er allen Herausforderungen begegnet, machen es möglich, ihn in alle Aktivitäten zu integrieren. Wir können sagen, unser Vizsla begleitet uns mit Freude und Vertrauen und auf eine bemerkenswert angenehme und unkomplizierte Weise durchs Leben.

Als besonderes Geschenk empfinden wir die Wärme, die er uns allen immerzu entgegenbringt.

Der Magyar Vizsla Arnold und das Meerschweinchen Columbus verstehen sich prima. Den Käfig ziert ein Welpenbild von Arnold. Immer wenn Columbus gefüttert wird, steckt Arnold den Kopf in den Käfig und stibitzt ein Stückchen Karotte. Das ist zu seinem lustigen Gewohnheitsrecht geworden. Gesund ist es noch dazu.

Janosch und die Spaziergänger

Mein Rüde Janosch ist ein besonders Lieber, er will es einem sehr gerne recht machen. Ich rufe meine Hunde immer zu mir, wenn uns Spaziergänger entgegenkommen, die vielleicht Angst vor Hunden haben könnten. Dieses Herkommen und bei Fuß Gehen verlange ich natürlich nicht bei jeder Begegnung, sondern nur, wenn ich den Eindruck habe, dass es angebracht wäre.

In den letzten Wochen fiel mir auf, dass Janosch plötzlich zu mir kam und beharrlich an meine Hand stupste. Ich war zuerst der Meinung, er wollte gestreichelt und gelobt werden und würde sich auffallend anhänglich geben. Ich brauchte lange, bis ich bemerkte, dass er das immer dann machte, wenn er einen entgegenkommenden Spaziergänger oder Jogger sah. Er versuchte mir zu sagen »Ich bin schon da, ich mache das so gut!« Er hatte die Anweisung »bei Fuß« vorweg genommen und wollte mich voller Stolz darauf aufmerksam machen. Und ich hatte es so lange nicht begriffen! Die Erleuchtung kam mir endlich, als eine Frau mit Kinderwagen auf uns zu kam und mein Janosch schon wieder an meine Hand stupste. Ich war gerührt vom Charakter meines Hundes und musste ihn vor Freude ausgiebig knuddeln. So ein braver Hund! Ein Vizsla überrascht einen immer wieder.

Die Invasion der Fasane

Es war Mitte September und meine beiden Hunde stöberten auffallend oft einen Fasan am Wegesrand auf. Zuerst war ich ärgerlich und rief die Hunde näher zu mir. Schon nach der nächsten Wegbiegung hatten wir schon wieder die Bescherung. Ein Hund machte einen Satz ins hohe Gras und ein Fasan flog gackernd auf. Es war eigenartig, so viele Fasane direkt am Wegesrand und sie flogen erst auf, wenn der Hund sie schon berührte. Für die Vizslas ist dieses Hochjagen der Fasane ein tolles Spiel, wird aber natürlich von mir wenn möglich immer unterbunden. Die letzten Tage wollte mir diese Verhinderung aber einfach nicht recht gelingen, denn es passierte mehrere Tage hintereinander immer wieder. Das Phänomen konnte ich nicht einordnen und suchte Rat bei einem Jäger.

Die Erklärung war ganz einfach: Zur Vorbereitung auf die Jagdsaison setzen die Jäger gerne Fasane aus Zuchtstationen aus, um genügend Wild für die Jagdgäste präsentieren zu können. Es werden also zahme Fasane in der Nähe der Ansitze frei gelassen. Diese Tiere kennen sich nicht so recht aus, haben kein gutes Versteck und wenig Fluchtreflexe. Das erklärt die auffällige Anwesenheit von Fasanen an Stellen, wo sonst keine sind.

Es könnte auch sein, dass Wildtiere angefüttert werden, damit sie sich in der Nähe der Ansitze aufhalten. Der Jäger fährt mit dem Auto die Waldwege entlang und wirft Lockfutter in Form von Weizen oder Ähnlichem an die Wegränder. Dann sind natürlich auch öfters Tiere in Wegnähe anzutreffen, die sonst dort nicht zu erwarten sind.

Ich bin mir also nach dieser Erkenntnis keiner Schuld bewusst und kann auch meinen Hunden nicht böse sein, wenn es manchmal in Wald und Flur nicht mit rechten Dingen zugeht!

Der ideale Familienhund

Von Dr. Annette Neudecker

Seit meiner Kindheit wünschte ich mir einen Hund. Jetzt endlich schien der passende Zeitpunkt dafür zu sein: Unsere Tochter, zweieinhalb, sollte einen Spielgefährten bekommen.

Mein Mann und ich waren sofort von der Optik des Magyar Vizslas begeistert. Als wir dann im Internet zu dieser Rasse recherchierten, waren wir fast ein wenig erschrocken: Der Vizsla sei beileibe »kein Anfängerhund«, stand da zu lesen! Seine hohen Ansprüche betreffend körperliche und geistige Auslastung würden Haltung und Pflege aufwändig und anstrengend machen. Von Jagdbegeisterten erfuhren wir, der »rote Pfeffer aus Ungarn« sei zwar »der beste Jagdhund der Welt«, aber dennoch entschieden sich die meisten Jäger gegen ihn: Seine Intelligenz gepaart mit Sensibilität ließen ihn für viele kapriziös und wenig pflegeleicht erscheinen, sodass man häufig auf robustere Rassen zurückgriff, die – vorsichtig formuliert – einen rustikaleren Erziehungsstil tolerierten!

Wir waren nachdenklich geworden: Konnten wir diesem anspruchsvollen Hund überhaupt eine artgerechte Haltung, ein gutes Hundeleben bieten? Müssten wir nicht unseren ganzen Alltag als Familie mit Kleinkind, Beruf, Haushalt und Katzen umkrempeln, um den Bedürfnissen dieses Temperamentsbündels gerecht zu werden?

Ich sah mich im Geiste stundenlang spazieren gehen, dabei durchs Unterholz kriechen und Fährten legen ... Ansonsten würde ich wohl nur noch im Auto sitzen und zwischen Kindergarten und »Dog Dancing«, Kinderschwimmen und Agility-Training pendeln!

Die Wahl fiel dennoch auf einen Vizsla – sein Charakter und Temperament überzeugten uns schließlich. Über ihre Website hatten wir die Buchautorin kennengelernt und sie vermittelte uns »ihren« Züchter – übrigens einen der wenigen, die primär für den nichtjagdlichen Gebrauch züchten.

Ein paar Wochen später kam Anouk zu uns. Die ersten Wochen waren für alle sehr anstrengend, Anouk war wie ein zweites Kleinkind für uns – und Leonie war eifersüchtig wie auf ein neues Geschwisterchen! Ich war von Anfang an sehr streng zu ihr, was den Kontakt zwischen Hund und Kind anbetraf: Ich wollte vermeiden, dass Leonie Anouks tollpatschige und stürmische Annäherungsversuche mit Pfoten und Zähnen als Angriff empfand. Schon nach vier Wochen waren beide unzertrennlich. Anouk verstand bald, dass sie im Umgang mit dem Kind ihre Körperkraft dosieren musste, dass Anspringen, Zerrspiele und vor allem das Anknabbern von Spielzeug nicht erlaubt waren, auch wenn die Erwachsenen manches davon tolerierten!

Bald stellte sich heraus, dass Anouk nicht nur Leonie liebte und beschützte, sondern Kinder generell mochte. Häufig trafen wir bei Spaziergängen auf fremde Kinder, die zunächst ängstlich oder ablehnend auf die Präsenz eines Hundes reagierten. Und immer bot sich nach rund zwanzig Minuten das gleiche Bild: Eine Horde Kinder steht oder hockt um Anouk herum; sie lässt sich streicheln, nimmt Leckerlis an oder holt bereitwillig Stöckchen! Mit ihrer sanftmütig-geduldigen Art schafft sie es immer wieder, auch die schüchternsten Kinder für sich einzunehmen. Aber auch viele ältere Leute, die wir auf der Straße treffen und die ja meistens Hunde nur als Nutztiere kennen, liebkosen sie, wenn sie sich neugierig und auf charmante Art nähert. Oft denke ich mir, sie wäre ein toller Therapiehund, einfach weil sie so sensibel auf Menschen und Stimmungen reagiert und sich nonverbal wunderbar ausdrücken kann!

Die »Grundausbildung« haben wir bewusst in einer Jagdhundschule absolviert; das war sehr lehrreich für mich. Ich habe gelernt, mich energisch und als Rudelführer zu präsentieren. Gelernt, dass Hundeerziehung richtig anstrengend ist – für beide Seiten. Ich habe aber auch gesehen, wo ihre und meine Grenzen sind. Bestimmte Ausbildungsziele konnten – und wollten – wir beide einfach nicht übernehmen. Am Ende des Kurses sagte mir der Ausbilder: »Dieser Hund braucht zweierlei bei der Erziehung: Extrem viel Konsequenz – und extrem viel Liebe!«

Das kann ich nur bestätigen. Anouk ist so verschmust und anhänglich, so auf uns als »Rudel« fixiert, dass dies in manchen Situationen fast lästig oder schwierig ist: So legt sie sich zum Beispiel quer über meine Fußspitzen, wenn ich abspüle – obwohl ihr Teppich in der Küche nur zwei Meter entfernt wäre. Und das Alleinsein klappt noch gar nicht gut, wir zählen noch die Minuten! Egal, welches Leckerli man ihr anbietet – sie lässt alles links liegen, wenn sie nur bei uns sein kann, mitkommen darf. In der Welpenschule sagte man mir: »Anfangs ist es vielleicht mühsam, wenn Anouk solch eine starke Bindung an Sie hat, aber irgendwann einmal sind Sie froh, dass Sie einen anhänglichen Jagdhund haben!« Vielleicht liegt es auch mit daran, dass sie nicht primär zum Jagdgebrauch gezüchtet wurde? Natürlich ist sie eine Jägerin, aber in ihrer Linie wurde von Seiten des Züchters sicher kein besonderer Fokus auf jagdrelevante Eigenschaften bei der Zuchtauswahl gelegt …

Mittlerweile machen wir gute Fortschritte mit ihrer Erziehung. Auch wenn meine kleine Tochter Kommandos gibt, folgt sie gut. Unser Alltag ist relativ eingespielt und einigermaßen hundefreundlich. Anouk liebt Schwimmen und Radausflüge und beides kann sie im Sommer ausführlich genießen. Außerdem sind wir auf diese Weise viel sportlicher, als wenn wir stundenlang nur herumtrotten. Und fürs »Kopftraining« gibt es Nasenspiele; da hat auch Leonie ihren Spaß dabei! Also, alles halb so wild und meistens sehr vergnüglich.

Kürzlich gaben wir ein kleines Fest. Eine Bekannte war gekommen, die ihren Besuch bei uns lange hinausgezögert hatte: Sie hat eine Tierhaarallergie und fürchtet sich etwas vor Hunden! Während des Abends versuchte Anouk immer wieder, mit ihr in Kontakt zu kommen, schleckte ihre Hände und bot ihr Frisbee zum Spielen an. Als sich unser Besuch verabschiedete, meinte sie: »Ich bin ganz begeistert von eurem Hund. Anouk strahlt pure Lebensfreude aus. Wenn sie irgendwann mal weg sein sollte, dann findet ihr sie bei mir!« In solchen Momenten weiß ich ganz genau: Unsere Entscheidung für einen Vizsla war goldrichtig. Temperament, Charakter, Charme: Anouk ist einfach der ideale Hund für mich und meine Familie!

Anouk und Leonie sind ein gutes Gespann.

Arnold geht auf Reisen

Die Aktivitäten der Familie vor einer Reise werden von jedem Hund wahrgenommen. Arnold verbrachte die letzte Urlaubsreisezeit seines Frauchen zuhause bei den Großeltern. Als es im Herbst wieder an das Kofferpacken ging, hat er sich kurzerhand selber eingepackt. Er konnte ja nicht wissen, dass er diesmal ohnehin mitfahren durfte in die Berge zum Wandern. Sicher ist sicher!

Das weiche Maul des Magyar Vizslas

Als Herbstschmuck vor der Haustüre habe ich ein Körbchen mit Zierkürbissen dekoriert. Unser Janosch versäumt es nicht, jedem Gast bei der Ankunft etwas zu bringen. Irgendetwas findet er immer, sei es ein heruntergefallener Apfel, ein Stück Holz, eine Eierschachtel aus dem Papierkorb usw. Wir nennen ihn deshalb den Bringer. Etwas ärgerlich war ich schon, als er zur Begrüßung einen Zierkürbis aus dem Körbchen anschleppte. Ich habe den Kürbis sofort wieder in den Korb zurückgelegt. Der Kürbis hatte es meinem Janosch aber so sehr angetan, dass er ihn über Tage hinweg immer wieder freudig apportierte. Jetzt ist es aber genug, dachte ich mir und nahm ihm den Kürbis ab. Bei genauer Betrachtung musste ich mir eingestehen, dass der Kürbis keinerlei Spuren von seinen zahlreichen Bringübungen hatte. Das löste meine tiefe Bewunderung für den lieben Kerl aus und er durfte weiterhin in das Kürbiskörbchen greifen. So ist das also mit dem weichen Maul, dachte ich mir. Es muss jetzt nicht mit Inkonsequenz von mir ausgelegt werden, obwohl es eine ist. Das Leben bringt die unterschiedlichsten Situationen und manchmal bekommt schon auch der Hund recht. So ganz ernst war mir das mit dem Kürbis auch wieder nicht.

Übrigens, in unserem Garten liegen zahlreiche Hundespielsachen herum, die bringt Janosch sonderbarerweise nie. Es ist immer etwas Neues und Besonderes, scheinbar aus dem täglichen Gebrauch. Persönliche Sachen wie Handschuhe, Kinderspielzeug usw. sind tabu, das respektiert er. Zur freien Auswahl sind dagegen Gegenstände aus dem Papierkorb, wie leere Küchenrollen oder Eierschachteln.

Ein Wort zum Schluss

Das Buch beschreibt den Magyar Vizsla als einen wunderbaren Hund. Es scheint sich zu bewahrheiten, dass dieser Hund sehr in Mode kommt, was in der Regel mit großen Nachteilen für eine Rasse verbunden ist. Dieses Buch will einen Beitrag dazu leisten, dem interessierten Hundefreund eine Vorstellung von der Haltung dieses Hundes zu geben. Es will vermitteln, dass der Magyar Vizsla einen erfahrenen oder begabten Besitzer braucht, der ihn sicher führen kann und genügend Zeit hat. Es muss aber auch vermitteln, dass so ein Hund ohne klare Orientierung und mit zu wenig Bewegung zu einem unerträglichen Tyrannen werden kann. Durch seine große Intelligenz und seine Schnelligkeit stellt diese Rasse hohe Anforderungen an ihr Umfeld. Überdenken Sie also die Anschaffung eines Magyar Vizslas sehr genau und achten Sie mit großer Sorgfalt auf die Auswahl des Züchters.

Lassen Sie sich nicht vorschnell von der ansprechenden Erscheinung diese Rasse zum Kauf eines Vizslas verleiten. Bedenken Sie bitte - nur ein zufriedener Magyar Vizsla macht Ihnen letztendlich große Freude.

Es gibt viele Hunderassen, die alle ihre Vorzüge haben, viele Traumhunderassen, suchen Sie sich den richtigen für sich aus, damit Sie mit Ihrem Hund glücklich werden.

Nützliche Adressen

Auch für Nichtjäger offene Zuchtverbände (Freie Rassehundverbände):

Deutschland

DKU
Deutsche Kynologische Union
85221 Dachau
www.eku-dku.de

BRV
Bayerischer Rassehunde Verband e.V.
Aiblinger Au 15b
83059 Kolbermoor

IRJGV e.V.
Internationaler Rasse-Jagd-Gebrauchshunde-
Verband e.V.
Pörndorf-Moos 7
94501 Aldersbach
www.idg-irjgv.de

DRV e. V.
Deutscher Rassehunde Verband e.V.
Sophienstraße 2
38308 Wolfenbüttel

Rassehunde-Zucht Verband Deutschland e. V.
Gravestr. 23
27442 Gnarrenburg
www.rassehunde-zuchtverband.de

Schweiz

Fédération des Eleveurs Suisses (FES)
Ch. de Bendes IO
CH - 1806 St Legier

Schweizerischer Kynologischer Bund
Georg Delessert
Martinet 28
CH - 1006 Lausanne

Schweizer Rassehunde-Zuchtverband (SRZ)
G. Simon
Than 212A
CH - 4952 Eriswil

Österreich

Rasse- und Gebrauchshunde Zuchtverband
Österreich (RGÖ)
Voltelinistrasse 41
A - 1210 Wien
www.rgoe.at.tf

Zuchtverbände, die nur Jägern das Züchten gestatten und deren Züchter z. T. die Welpenabgabe nur an Jäger befürworten:

Deutschland

Verein Ungarischer Vorstehhunde e.V. (VUV)
1. Vorsitzender
Herr Heiko Bormann
Birkenweg 28
29308 Winsen (Aller)
www.vuv.vizsla.de

als Mitgliedsverband im

Verband für das Deutsche Hundewesen
(VDH) e. V
Westfalendamm 174
44141 Dortmund
www.vdh.de

Schweiz

Magyar Vizsla Club der Schweiz (MVCS)
Herrn Hansueli Sturzenegger
Präsident
Galserschstrasse 10
CH - 8890 Flums
www.vizslaclub.ch

als Mitgliedsverband in der

Schweizerische Kynologische Gesellschaft (SKG)
Brunnmattstrasse 24
CH - 3007 Berne
www.hundeweb.org

Österreich

Magyar Vizsla Club (MVC) Österreich
Geschäftsführung:
Karl Uhlig
Ulmenstrasse 132
A - 1140 Wien
www.magyar-vizsla-club.at

als Mitgliedsverband im

Österreichischer Kynologenverband (ÖKV)
Siegfried Marcus-Str. 7
A - 2362 Biedermannsdorf
www.oekv.at

Vorstehende Auflistung erhebt keinen Anspruch auf Vollständigkeit und stellt keine Wertung oder Empfehlung dar, sondern dient lediglich Ihrer Orientierung und Information.

Index